格致新法：
中西文化碰撞中的归纳逻辑本土化

Scientific Method in Late Qing China:
Naturalization of Inductive Logic in the Context of Cultural Collision

王慧斌　著

导师　尚智丛

中国社会科学出版社

图书在版编目（CIP）数据

格致新法：中西文化碰撞中的归纳逻辑本土化／王慧斌著．—北京：中国社会科学出版社，2023.4

（中国社会科学博士论文文库）

ISBN 978-7-5227-1822-4

Ⅰ.①格… Ⅱ.①王… Ⅲ.①归纳—研究 Ⅳ.①B812.3

中国国家版本馆 CIP 数据核字（2023）第 071248 号

出 版 人	赵剑英
责任编辑	王丽媛
责任校对	马婷婷
责任印制	李寡寡

出　　版	中国社会科学出版社
社　　址	北京鼓楼西大街甲 158 号
邮　　编	100720
网　　址	http://www.csspw.cn
发 行 部	010-84083685
门 市 部	010-84029450
经　　销	新华书店及其他书店
印　　刷	北京君升印刷有限公司
装　　订	廊坊市广阳区广增装订厂
版　　次	2023 年 4 月第 1 版
印　　次	2023 年 4 月第 1 次印刷
开　　本	710×1000　1/16
印　　张	12.25
插　　页	2
字　　数	205 千字
定　　价	68.00 元

凡购买中国社会科学出版社图书，如有质量问题请与本社营销中心联系调换
电话：010-84083683
版权所有　侵权必究

《中国社会科学博士论文文库》
编辑委员会

主　　任：李铁映
副 主 任：汝　信　　江蓝生　　陈佳贵
委　　员：（按姓氏笔画为序）
　　　　　王洛林　　王家福　　王缉思
　　　　　冯广裕　　任继愈　　江蓝生
　　　　　汝　信　　刘庆柱　　刘树成
　　　　　李茂生　　李铁映　　杨　义
　　　　　何秉孟　　邹东涛　　余永定
　　　　　沈家煊　　张树相　　陈佳贵
　　　　　陈祖武　　武　寅　　郝时远
　　　　　信春鹰　　黄宝生　　黄浩涛
总 编 辑：赵剑英
学术秘书：冯广裕

总　序

在胡绳同志倡导和主持下，中国社会科学院组成编委会，从全国每年毕业并通过答辩的社会科学博士论文中遴选优秀者纳入《中国社会科学博士论文文库》，由中国社会科学出版社正式出版，这项工作已持续了12年。这12年所出版的论文，代表了这一时期中国社会科学各学科博士学位论文水平，较好地实现了本文库编辑出版的初衷。

编辑出版博士文库，既是培养社会科学各学科学术带头人的有效举措，又是一种重要的文化积累，很有意义。在到中国社会科学院之前，我就曾饶有兴趣地看过文库中的部分论文，到社科院以后，也一直关注和支持文库的出版。新旧世纪之交，原编委会主任胡绳同志仙逝，社科院希望我主持文库编委会的工作，我同意了。社会科学博士都是青年社会科学研究人员，青年是国家的未来，青年社科学者是我们社会科学的未来，我们有责任支持他们更快地成长。

每一个时代总有属于它们自己的问题，"问题就是时代的声音"（马克思语）。坚持理论联系实际，注意研究带全局性的战略问题，是我们党的优良传统。我希望包括博士在内的青年社会科学工作者继承和发扬这一优良传统，密切关注、深入研究21世纪初中国面临的重大时代问题。离开了时代性，脱离了社会潮流，社会科学研究的价值就要受到影响。我是鼓励青年人成名成家的，这是党的需要，国家的需要，人民的需要。但问题在于，什么是名呢？名，就是他的价值得到了社会的承认。如果没有得到社会、人民的承认，他的价值又表现在哪里呢？所以说，价值就在于对社会重大问题的回答和解决。一旦回答了时代性的重大问题，就必然会对社会产生巨大而深刻的影响，你也因此而实现了你的价值。在这方面年轻的博士有很大的优势：精力旺盛，思想敏捷，勤于学习，勇于创新。但青年学者要多向老一辈学者学习，博士尤其要很好地向导师学习，在导师的指导下，发挥自己的优势，研究重大问题，就有可能出好的成果，实现自己的价值。过去12年入选文库的论文，也说明了这一点。

什么是当前时代的重大问题呢？纵观当今世界，无外乎两种社会制度，一种是资本主义制度，一种是社会主义制度。所有的世界观问题、政治问题、理论问题都离不开对这两大制度的基本看法。对于社会主义，马克思主义者和资本主义世界的学者都有很多的研究和论述；对于资本主义，马克思主义者和资本主义世界的学者也有过很多研究和论述。面对这些众说纷纭的思潮和学说，我们应该如何认识？从基本倾向看，资本主义国家的学者、政治家论证的是资本主义的合理性和长期存在的"必然性"；中国的马克思主义者，中国的社会科学工作者，当然要向世界、向社会讲清楚，中国坚持走自己的路一定能实现现代化，中华民族一定能通过社会主义来实现全面的振兴。中国的问题只能由中国人用自己的理论来解决，让外国人来解决中国的问题，是行不通的。也许有的同志会说，马克思主义也是外来的。但是，要知道，马克思主义只是在中国化了以后才解决中国的问题的。如果没有马克思主义的普遍原理与中国革命和建设的实际相结合而形成的毛泽东思想、邓小平理论，马克思主义同样不能解决中国的问题。教条主义是不行的，东教条不行，西教条也不行，什么教条都不行。把学问、理论当教条，本身就是反科学的。

在21世纪，人类所面对的最重大的问题仍然是两大制度问题：这两大制度的前途、命运如何？资本主义会如何变化？社会主义怎么发展？中国特色的社会主义怎么发展？中国学者无论是研究资本主义，还是研究社会主义，最终总是要落脚到解决中国的现实与未来问题。我看中国的未来就是如何保持长期的稳定和发展。只要能长期稳定，就能长期发展；只要能长期发展，中国的社会主义现代化就能实现。

什么是21世纪的重大理论问题？我看还是马克思主义的发展问

题。我们的理论是为中国的发展服务的，绝不是相反。解决中国问题的关键，取决于我们能否更好地坚持和发展马克思主义，特别是发展马克思主义。不能发展马克思主义也就不能坚持马克思主义。一切不发展的、僵化的东西都是坚持不住的，也不可能坚持住。坚持马克思主义，就是要随着实践，随着社会、经济各方面的发展，不断地发展马克思主义。马克思主义没有穷尽真理，也没有包揽一切答案。它所提供给我们的，更多的是认识世界、改造世界的世界观、方法论、价值观，是立场，是方法。我们必须学会运用科学的世界观来认识社会的发展，在实践中不断地丰富和发展马克思主义，只有发展马克思主义才能真正坚持马克思主义。我们年轻的社会科学博士们要以坚持和发展马克思主义为己任，在这方面多出精品力作。我们将优先出版这种成果。

2001 年 8 月 8 日于北戴河

序

青年学者王慧斌的著作《格致新法：中西文化碰撞中的归纳逻辑本土化》即将付梓，明清学术史研究又添一束新枝。该书由作者在博士学位论文的基础上修改而成。作为其博士学位论文指导教师，我对该书内容多有了解。应作者邀请，欣然命笔，作此书序。

现代中国人广泛使用逻辑规则，思考问题、辩论是非、撰写文章。这些逻辑规则无疑是从逻辑课程或者逻辑著作上学来的西方逻辑学。中国古代到底有没有逻辑，一直是学术界讨论的话题。中国古代显然有逻辑，否则，中国人如何写文章？！又如何华文传千载？！然而，搜遍古往今来中华文献，却鲜见专门讨论逻辑规则的著作或文章。这就提出了一个严肃的问题：当西方逻辑思想传到中国之时，它是如何与中国传统逻辑思想会通，并以汉语明确表达为概念、判断和推理规则的？这需要回到历史，去探寻在明清以来中西文化剧烈碰撞与融合中所发生的变化。

明末清初，西方传教士利玛窦将《几何原本》带到中国，与中国学者徐光启合译为中文。正是借助这部著作，演绎逻辑及其严谨规则第一次以中文表达出来。当时，徐光启就深刻认识到演绎逻辑在知识发展中的重要意义，指出："百年之后必人人习之。"中国人也确实通过学习《几何原本》，而学会和使用严谨的演绎逻辑。虽然，古希腊已有归纳逻辑的一些形式，但归纳逻辑与归纳方法的成熟则相对较晚。至1620年培根发表《新工具》，归纳逻辑得以较大发展，但直到1843年密尔发表《逻辑学体系》，才得到完善。归纳逻辑与归纳方法传入中国已是鸦片战争之后的清末民初。

此时的中国风云际会，各种思想激烈交锋，社会剧烈变迁。这本著作所讨论的正是这一背景之下归纳逻辑与归纳方法在中国的译介与传播。

语言是思想的工具，思想是语言的内容。如何以中文准确表达归纳逻辑？清末以来，学者们进行了多方探讨，逻辑名词几经变革。回到历史中去，才能深刻发掘近现代中国归纳逻辑思想的形成与发展。正如作者所言："本书尤其关注归纳逻辑入华过程中的概念会通，将论者对概念的选用视作他们在不同语境下对归纳逻辑的理解及相关观念的聚集。"为此，作者借鉴了概念史的研究方法，通过对《格致新理》《格致新机》《格致新法》《辨学启蒙》《理学须知》等逻辑译著以及推广使用归纳方法的科学著作"西学启蒙十六种"和《心灵学》之中的中文逻辑概念，进行比较，深刻揭示当时中西逻辑思想的交汇，在一定程度上也澄清了当时中国人如何理解和使用归纳逻辑。这是一项积极而有益的学术探讨，称得上是作者在明清学术史研究上的一点贡献。

这本著作的另一个特点就是结合当时科学著作的译介，探讨归纳逻辑的中译。历史上，西方逻辑学是借助科学知识的传播而进入中国的。中国知识分子在学习西方科学知识的过程中，深刻认识到逻辑推理的重要意义之后，才转而专门翻译逻辑学著作。明末清初演绎逻辑的传入即是如此，清末民初的归纳逻辑传入也是如此。作者结合当时新式教育中广为使用的编译教材"西学启蒙十六种"，分析了其中归纳逻辑的概念、判断与推理规则的中文表达，探讨了这些新逻辑思想与朱熹理学中"即物穷理"的关系。时代在变迁，思想在进步。我们不能固守于旧时代的思想，但必须了解新思想的由来。只有这样，才能克服辉格史学的弊端。

江山代有才人出，各领风骚数百年。青年学者们已成长起来。他们在学术研究上展现出更宽阔的视野，也必将创造更多的学术成果。

尚智丛

2023 年 4 月 10 日于北京

摘　　要

19世纪是西方归纳逻辑入华的早期阶段。相较于之后对归纳逻辑的译介，这一时期传入的归纳逻辑虽影响较小，但因处于中西文化剧烈碰撞的时期，使得其本土化过程直接反映了中西认知方式的跨文化交流特征。按照概念史进路的理念，可以借由归纳逻辑译介对关键概念的中译话语表达，挖掘译者与读者对归纳逻辑的理解以及更深层次的智识语境特征。

在此之前的明清之际，来华耶稣会士曾以"格物穷理之学"的名义译介演绎逻辑等西方学问，推动了中西思想的会通。但无论是本土的理学和朴学，还是借用了"格物穷理"概念的西学，都没有提出系统的归纳逻辑规则。在此后的西方世界中，通过培根、密尔等逻辑学家在哲学思辨传统下和惠威尔、赫歇尔等科学家基于科学实践对归纳推理的反思，归纳逻辑得以系统化，并在科学普及化的趋势下出现了面向大众的逻辑学普及读物。这构成了归纳逻辑在晚清中国得以本土化的智识资源。

归纳逻辑、归纳科学与新教精神的契合，推动了19世纪来华新教传教士对归纳逻辑和归纳科学的译介。随着科学译介规模的扩大，《新工具》的译者慕维廉和沈毓桂先后选用"格致新理""格致新法""格致新机"作为其对应概念。其后，艾约瑟、颜永京、傅兰雅在译介的新式教科书中，又为归纳逻辑选用了"即物察理之辨论""充类""引进辨实"

"希卜梯西""类推之法"等多样的术语翻译。上述译名大多具有基于"格物穷理"等本土概念来介绍外来归纳逻辑的共性。这一方面是由于译者及其中国合作者自觉使用已有概念来理解新思想，另一方面也源于译者迎合读者群体的传播策略。受此影响，归纳逻辑思想得以被更广泛地理解和接受，但也使读者受中文概念原有涵义的影响而形成对外来思想的理解偏差，并进一步支撑了"西学中源"在逻辑学角度上的论证。

归纳逻辑在华早期本土化的另一个共性是，译者和读者都更为强调科学知识的重要性，而轻视方法论问题。中国文人对归纳逻辑的关注，通常是出于寻求国家富强的目标导向。但对于王韬等口岸知识分子来说，他们对归纳逻辑的推崇在一定程度上也是由于这一群体被占正统地位的科举考试边缘化，从而主张一种拒斥权威、强调个体的知识生产方式。

关键词：归纳逻辑；科学译介；新教传教士；格物穷理；口岸知识分子

Abstract

It was Nineteenth-Century when inductive logic was introduced to China. The initial Chinese translation of inductive logic had less impact than subsequent stages, but characterized transcultural communication between Chinese and western cognitive styles in the context of cultural collision. In the view of the history of concepts (*Begriffsgeschichte*), by analyzing the chosen translation of key concepts in the category of inductive logic, it is possible to observe actors' understandings on inductive logic and, further, the intellectual context.

Before that, Jesuits coming to China at the turn of Ming and Qing Dynasties had translated deductive logic and other western learnings in the name of *gewu qiongli* (investigations of things and fathoming of principles). However, neither of Chinese and western scholars made logical rules for inductive inference. In the following centuries, western logicians and scientists reflected induction from their respective perspectives of speculative philosophy and scientific practice. Then inductive logic developed into a systemic discipline which was also introduced to the public in the trend of science popularization.

With these intellectual basis, the coherence of inductive logic and science with Protestantism promoted scientific translation by Protestant missionaries in Late Qing China. Francis Bacon's *Novum Organon* was partly described as new *li* (pattern), *fa* (method) and *ji* (machine) of *gezhi* (investigating things and extending knowledge) by William Muirhead and his Chinese collaborator Yugui Shen. Later, Joseph Edkins, Yongjing Yan and John Fryer chose diverse Chinese expressions, including *jiwu chali* (exploring principles according to objects), *chonglei* (extending to the category), *yinjin bianshi* (introducing the truth), *xibu tixi* (hypothesis) and *leitui zhi fa* (method of analogy), for inductive logical concepts when translating modern textbooks. It could be observed that most of translators had tried to locate inductive logic into Chinese classical framework of concepts, for example, *gewu qiongli*. This character originated from native translators' preference to interpret new concepts by classical discourse as well as the goal of spreading widely. It did enlarge the effect of new ideas in China but also confused native readers who understood these concepts according to their original meanings. Moreover, it also supported the argument that western logic was derived from China.

On the other hand, both of these translators and readers emphasized scientific knowledge more than methodological issues. Chinese literati's interests in inductive logic were generally driven by their desire for national wealth and power. Nevertheless, for Tao Wang and other treaty port intellectuals who failed in imperial examinations, their calling for inductive logic could also be partly due to the preference for an individualism paradigm of knowledge production than the orthodox.

Key words: inductive logic; scientific translation; Protestant missionary; *gewu qiongli*; treaty port intellectuals

目　　录

绪　论 …………………………………………………………（1）
　第一节　问题的提出 …………………………………………（1）
　第二节　研究现状综述 ………………………………………（5）
　　一　基本史实的还原 ………………………………………（5）
　　二　历史语境的重构 ………………………………………（7）
　　三　进一步研究的展望 ……………………………………（12）
　第三节　研究内容与进路 ……………………………………（14）

第一章　碰撞前的中西智识资源 ………………………………（17）
　第一节　中国的智识资源 ……………………………………（17）
　　一　格物穷理：从"明明德"到"费罗所非亚" ………（18）
　　二　尚未被发现的"中国逻辑" …………………………（21）
　　三　朴学：从典籍理解自然 ………………………………（25）
　第二节　西方的智识资源 ……………………………………（30）
　　一　古典归纳逻辑的演进 …………………………………（30）
　　二　职业科学家基于科学实践的反思 ……………………（34）
　　三　科学普及中的归纳逻辑普及 …………………………（40）
　　小结 …………………………………………………………（43）

第二章　新教精神、归纳科学与归纳逻辑译介 ……………… (45)

第一节　传教士译介归纳科学的兴起 ………………………… (46)
一　"默顿论题"视域下的传教士科学译介 …………… (46)
二　早期科学译介中的归纳元素 ………………………… (52)

第二节　"理""法""机"：《新工具》在华早期形象的演变 ……………………………………………………… (55)
一　格致新"理"：将培根思想置于传统理学框架 …… (55)
二　格致新"法"：展示培根方法的实用性 …………… (63)
三　格致新"机"：对"中体西用"的适应 …………… (68)

小结 …………………………………………………………… (73)

第三章　新式教科书与归纳逻辑译介 ……………………… (75)

第一节　"即物察理之辨论"："西学启蒙十六种"中的归纳逻辑 ……………………………………………… (75)
一　译介情况 ……………………………………………… (76)
二　作为辨析论说之学的逻辑学 ………………………… (81)
三　"即物察理之辨论"的认识论特征 ………………… (85)

第二节　"充类""引进辨实""希卜梯西"并存：《心灵学》中的归纳逻辑 ………………………… (92)
一　译介情况 ……………………………………………… (92)
二　"充类"：作为心理学研究方法的归纳 …………… (95)
三　"引进辨实"：作为逻辑推理的归纳 ……………… (98)
四　"希卜梯西"：作为心理活动的归纳 ……………… (102)

第三节　"类推之法"：《理学须知》中的归纳逻辑 ………… (105)
一　译介情况 ……………………………………………… (106)
二　兼顾"相因之事"与"相因智慧"的"理学" …… (108)
三　重要而不必要的"类推之法" ……………………… (110)

小结 ································ (113)

第四章　中国文人对归纳逻辑的选择性接纳 ············ (115)
　第一节　新旧认识论的过渡 ······················ (116)
　　一　从"古人之言"到"实在证据" ················ (116)
　　二　认识论个人主义与政治个人主义之间的张力 ········ (120)
　第二节　从"辨学"到"辩学"：为"中国逻辑"辩护 ····· (124)
　　一　"辨学"内涵的延伸 ····················· (124)
　　二　"辨学"与"辩学"等同关系的形成 ············ (128)
　　小结 ································ (131)

结　语 ······························ (132)

附　录 ······························ (136)

参考文献 ····························· (144)

索　引 ······························ (170)

后　记 ······························ (174)

Contents

Introduction ·· (1)

  1. Prologue ·· (1)

  2. Literature Review ·· (5)

    (1) Recovery of Historical Facts ····························· (5)

    (2) Reconstruction of Historical Context ················ (7)

    (3) Research Prospect ·· (12)

  3. Research Contents and Approaches ························· (14)

Chapter One Intellectual Resources on the Eve of Cultural Collision ·· (17)

  1. Intellectual Resources in China ······························ (17)

    (1) *Gewo qiongli* (Investigations of Things and Fathoming of Principles) ··· (18)

    (2) Undiscovered "Chinese Logic" ·························· (21)

    (3) Natural Studies according to Classics ················ (25)

  2. Intellectual Resources in the West ························· (30)

    (1) Evolution of Classical Inductive Logic ·············· (30)

    (2) Reflections on Scientific Practice from Scientists ··········· (34)

(3) Popularization in the Context of Science
Popularization ·· (40)
Summary ·· (43)

Chapter Two Protestantism, Inductive Science and Inductive Logic ··· (45)

1. Rise of Scientific Translation of Protestant Missionaries to the Chinese ·· (46)

   (1) Protestant Missionaries' Scientific Translation and "Merton Thesis" ··· (46)

   (2) Inductive Method in Early Scientific Translation ············ (52)

2. Early Images of *Novum Organon* in China ······················ (55)

   (1) New *Li* (Pattern): Locating Baconism into the Framework of Neo-Confucianism ·· (55)

   (2) New *Fa* (Method): Demonstrating Utilities of Baconian Method ·· (63)

   (3) New *Ji* (Machine): Adaptation to the Idea of "Chinese Learning as Fundamental, Western Learning for Useful" (*Zhongti xiyong*) ·· (68)

Summary ·· (73)

Chapter Three Inductive Logic in Modern Textbooks ················ (75)

1. Inductive Logic in "Sixteen Primers of Western Learnings" (*Xixue Qimeng Shiliu Zhong*) ·· (75)

   (1) Translation ·· (76)

   (2) Logic as *Bianxue* (Science of Discernment and Argument) ·· (81)

(3) Epistemology of *Jiwu chali* (Exploring Principles
    according to Objects) ·· (85)
2. Inductive Logic in *Mental Philosophy* (*Xinlingxue*) ··············· (92)
    (1) Translation ··· (92)
    (2) Inductive Method as *Chonglei* (Extending to the
        Category) ··· (95)
    (3) Inductive Inference as *Yinjin bianshi* (Introducing
        the Truth) ··· (98)
    (4) Inductive Mental Activity as *Xibu tixi* (Hypothesis) ······ (102)
3. Inductive Logic in *What You Should Know about Science of
    Reasoning* (*Lixue xuzhi*) ·· (105)
    (1) Translation ··· (106)
    (2) Dilemma of Logic as *Lixue* (Science of Reasoning) ······ (108)
    (3) Important but Unnecessary *Leitui zhi fa* (Method of
        Analogy) ··· (110)
Summary ·· (113)

Chapter Four Chinese Literati's Selective Reception of Inductive
Logic ··· (115)
1. Epistemological Transition ·· (116)
    (1) Knowledge Criteria Shifting from Classics to
        Experience ··· (116)
    (2) Tension between Epistemological and Political
        Individualism ·· (120)
2. Defending "Chinese Logic" ·· (124)
    (1) Extension of the Concept of *Bianxue* (Science of
        Discernment and Argument) ································· (124)

(2) Equation between *Bianxue* (Science of Discernment and
  Argument) and *Bianxue* (Science of Debating) ········ (128)
  Summary ·· (131)

Epilogue ·· (132)

Appendixes ·· (136)

Bibliography ·· (144)

Index ·· (170)

Postscript ·· (174)

绪　　论

第一节　问题的提出

1807年，英国新教传教士马礼逊（Robert Morrison）受伦敦传道会（London Missionary Society，以下简称伦敦会）的差遣来到中国。在此之前的明末清初，就曾有耶稣会士来华传播基督教义。由于中文水平有限，加之中国文人偏好文本材料等因素，文本翻译成为这批耶稣会士对华传播基督思想的主要途径，且多用传教士口译加华人笔述的方式。明清之际来华耶稣会士意识到，除了翻译教义，还可以通过译介西学来获得中国精英群体的关注，并由之影响到他们的思想和信仰。[①] 在《几何原本》《寰有诠》《坤舆格致》《泰西人身说概》《远西奇器图说》《泰西水法》《名理探》等西学译介的推动下，中国本土文人中也出现了"欲求超胜，必须会通；会通之前，先须翻译"[②]的声音。

到了19世纪，马礼逊等来华传教士在传播基督教义的同时，也将现

---

① ［意］利玛窦：《利玛窦书信集》，文铮译，商务印书馆2018年版，第337页。
② （明）徐光启：《历书总目表》，载王重民辑校《徐光启集》，中华书局1963年版，第374页。

代科学介绍到中国。① 鸦片战争后，随着清廷门户被迫开放，科学评介不仅出现于教会支持的出版机构，在官办译书机构中也发挥着重要作用。这一时期的科学译介在内容上涵盖了数学、物理学、化学、天文学、地学、生物学等西方自然科学的几乎各个学科领域，以及矿冶、兵器、船舶等多方面的工程技术；在方法上仍主要为西人与中国文人合作的方式，正如任职于江南制造局翻译馆的英人傅兰雅（John Fryer）所记：

> 必将所欲译者，西人先熟览胸中，而书理已明，则与华士同译。乃以西书之义，逐句读成华语，华士以笔述之。若有难言处，则与华士斟酌何法可明；若华士有不明处，则讲明之。译后，华士将初稿改正润色，令合于中国文法。有数要书，临刊时华士与西人核对；而平常书多不必对，皆赖华士改正。因华士详慎斟斫，其讹则少，而文法甚精。②

其间，被认为是西方科学发展关键的归纳方法，也得以随科学知识的传入而被提及，并出现了对弗朗西斯·培根（Francis Bacon，下文中"培根"如不加名均指弗朗西斯·培根）《新工具》（Novum Organum）、密尔（John Stuart Mill，又译穆勒）《逻辑学体系》（A System of Logic, Ratiocinative and Inductive）等经典归纳逻辑著述的译介。西方哲学中的"归纳"，严格意义上是指从特殊到一般的推理，也可以更为宽泛地指称

---

① 已有研究指出，19世纪末"传教士最无成效的说教是向中国人兜售说：西方的知识和制度及其相伴随的富强，其源反正出于基督教"，参见［美］费正清、刘广京编《剑桥中国晚清史》上卷，中国社会科学院历史研究所编译室译，中国社会科学出版社1985年版，第633—634页。与之类似，有学者在评论明末清初耶稣会传教士的工作时也指出："耶稣会在中国最大的失败是，它无法使中国人相信西方知识是一个整体，即西方科学和数学的高明可以证实西方宗教的优越。儒家学者和帝国官僚依旧认为，科学和宗教是分离的。西方的天文学和数学有用，并不能说明他们应该接受基督教"，参见［美］伯恩斯《知识与权力：科学的世界之旅》，杨志译，中国人民大学出版社2014年版，第107页。

② ［英］傅兰雅：《江南制造总局翻译西书事略（续前卷）》，《格致汇编》1880年第6期。

结论的有效性超出前提有效性的外推性推理。① 随着科学哲学的演进，归纳方法和归纳逻辑在当今认识论与逻辑学中的地位已有所削弱，费耶阿本德（Paul Feyerabend）更是直接对统一科学方法的存在提出质疑。但在19世纪，科学方法多被认为是一元的，即所有学科都遵循归纳方法，② 古典归纳逻辑也是在这一时期发展至顶峰。

与欧洲对照，古代中国在算学、天文、地舆、本草、音韵、训诂、校勘等领域同样有着丰富的从个例推出普遍的归纳推理实践。尽管如此，中国古代是否存在归纳逻辑仍是一个争论中的话题。回应这一问题的关键在于对"归纳逻辑"或是"逻辑"概念的界定。按照密尔的观点，逻辑学的目标是：正确分析推理或推断及作为其辅助的心灵活动，并以此为基础，建立一套关于证据是否足以证明命题的检验规则或信条。③ 具体到归纳逻辑，也有学者认为，归纳逻辑应是"评价外推性推理的理论"④，其研究对象是使用或然性理念的论证。⑤ 也就是说，归纳逻辑的存在有两个必要条件：一是承认归纳推理的有效性，二是要对归纳推理予以评价与分析，其关乎的是归纳推理的可能性和规范性问题。从这个意义来讲，古代中国思想并不关注针对归纳推理的二阶反思，亦即如西方归纳逻辑那样提出系统的推理规则。

---

① Brian Skyrms, "Induction", in Robert Audi ed., *The Cambridge Dictionary of Philosophy*, Third edition, New York: Cambridge University Press, 2015, p. 507. 该书编写者同时指出，狭义"归纳"包含的完全归纳并不是外推性推理，因此狭义归纳并不是广义归纳的子集。

② Richard R. Yeo, "Scientific Method and the Rhetoric of Science in Britain, 1830 – 1917", in John A. Schuster and Richard R. Yeo, eds., *The Politics and Rhetoric of Scientific Method: Historical Studies*, Holland: D. Reidel Publishing Company, 1986, p. 262; Richard Yeo, *Defining Science: William Whewell, Natural Knowledge, and Public Debate in Early Victorian Britain*, Cambridge: Cambridge University Press, 1993, pp. 94 – 99.

③ John Stuart Mill, *A System of Logic, Ratiocinative and Inductive: Being a Connected View of the Principles, and the Methods of Scientific Investigation*, Vol. Ⅰ, Eighth edition, London: Longmans, Green, Reader, and Dyer, 1872, p. 11.

④ Brian Skyrms, "Induction", in Robert Audi ed., *The Cambridge Dictionary of Philosophy*, Third edition, New York: Cambridge University Press, 2015, p. 507.

⑤ Ian Hacking, *An Introduction to Probability and Inductive Logic*, Cambridge: Cambridge University Press, 2001, p. 18.

自19世纪末，严复、王国维等本土学者开始在逻辑学译介中发挥主导作用。为数不少的学人以传播影响为标准，将严复认定为中国真正引入西方逻辑学的界点，代表性的如蔡元培1926年提出："当明、清之间，基督教士常译有辨学，是为欧洲逻辑输入中国之始。其后，侯官严几道先生，始竭力提倡斯学，译有穆勒《名学》与耶方斯《名学浅说》，于是吾国人之未习西文者，颇能窥逻辑之一斑"①；郭湛波也在随后提出："自明末李之藻译《名理探》，为论理学输入中国之始，到现在已经三百多年，不过没有什么发展。一直到了严几道先生，译《穆勒名学》《名学浅说》，形式论理学始盛行于中国"，并认为"自严先生译此二书，论理学始风行于国内；一方学校设为课程，一方学者用为致学方法"②。加之20世纪初期从日本引入的逻辑学教科书更是提供了一套包括"归纳"一词在内的逻辑学汉译术语，以今时的立场来看，西人主导的归纳逻辑译介在影响上确实小于其后的同类工作。但正如巴特菲尔德（Hebert Butterfield）批判辉格史观时所提出的，我们要获得对历史的真正理解，就不能"因为与当下没有多少关系的缘故就排除了某些事情"，而是要接受这样的事实："他们的时代与我们的时代同样正当，他们的事情和我们的事情一样重要，他们的生活和我们的生活一样充满活力。"③ 本书关注的归纳逻辑在中国的早期本土化进程恰提供了一个剖面，用于检视中西相关思想在碰撞中对自我与对方的认知，并为理解西学东渐这一历史过程和讨论中西学术研究方法乃至思维方式异同等哲学问题提供更多可能。

---

① 蔡元培：《〈逻辑学〉序》，载中国蔡元培研究会编《蔡元培全集》第五卷，浙江教育出版社1998年版，第396页。

② 郭湛波：《近五十年中国思想史》，上海古籍出版社2010年版，第166、161页。"论理学"为其时logic较为常用的汉译之一。

③ ［英］巴特菲尔德：《历史的辉格解释》，张岳明、刘北成译，商务印书馆2012年版，第13、18页。具体到近代中国，王尔敏也将1840—1900年这六十年视为"酝酿近代思想一个重要的过渡时代"，认为这一阶段"思想的内容，多样而驳杂，不免被后人视为幼稚浅薄，但它确代表这一时代人真诚的理念与想象"，参见王尔敏《中国近代思想史论》，台北：台湾商务印书馆1995年版，第1页。

第二节　研究现状综述

西方逻辑学东渐并非一个新鲜的研究领域，但仍随着史料和视角的更新而持续地形成新的理解。本书将已有相关研究粗略分为两个方面进行考察，并提出研究展望。

一　基本史实的还原

现有中国逻辑通史研究多出版于 20 世纪八九十年代，这些著述为快速弥补相对空白的研究领域做出了基础性的贡献，但涉及归纳逻辑早期译介的篇幅一般较少，主要集中于对艾约瑟（Joseph Edkins）《辨学启蒙》一书的介绍。① 其中，李匡武主编的《中国逻辑史（近代卷）》对《辨学启蒙》的介绍较为详细并总结出该书的一大特点是"重归纳轻演绎"，而对于其术语翻译则认为"译笔拙劣，一些最基本的逻辑术语与现在通行的译法相距甚远"以及"准确性或曰科学性太差，通俗易懂就更谈不上了"。②

历史研究的推进需要以新史料为基础。近年来，晚清时期对《新工具》《逻辑学体系》等归纳逻辑文本的译介得到了持续梳理。关于《新工具》的译介，李三宝较早提及了《益智新录》刊载的一系列相关文章，③

---

① 汪奠基：《中国逻辑思想史》，上海人民出版社 1979 年版；周文英：《中国逻辑思想史稿》，人民出版社 1979 年版；杨沛荪主编：《中国逻辑思想史教程》，甘肃人民出版社 1988 年版；李匡武主编：《中国逻辑史（近代卷）》，甘肃人民出版社 1989 年版；温公颐、崔清田主编：《中国逻辑史教程（修订本）》，南开大学出版社 2001 年版；彭漪涟：《中国近代逻辑思想史论》，上海人民出版社 1991 年版；周云之主编：《中国逻辑史》，山西教育出版社 2004 年版；宋文坚：《逻辑学的传入与研究》，福建人民出版社 2005 年版。

② 李匡武主编：《中国逻辑史（近代卷）》，甘肃人民出版社 1989 年版，第 125—131 页。类似观点另见杨沛荪主编《中国逻辑思想史教程》，甘肃人民出版社 1988 年版，第 292 页；周云之主编《中国逻辑史》，山西教育出版社 2004 年版，第 365 页。

③ San-pao Li, "Letters to the Editor in John Fryer's Chinese Scientific Magazine, 1876–1892: An Analysis"，《"中央研究院"近代史研究所集刊》1974 年第 4 期下册。

王宏斌梳理了英国传教士慕维廉（William Muirhead）《格致新法》对《新工具》内容的介绍，① 顾有信（Joachim Kurtz）则首先厘清了慕维廉及其合作者沈毓桂对《新工具》的概述共有《格致新理》（连载于《益智新录》）、《格致新法》（先后连载于《格致汇编》和《万国公报》）、《格致新机》三个版本②。关于对《逻辑学体系》的译介，陈启伟首先提出，傅兰雅《理学须知》是对密尔著作的简要叙述；③ 顾有信之后对《理学须知》进行了详细的介绍，并指出该书的第六章是根据孔德（Auguste Comte）的《实证哲学教程》（Course in Positive Philosophy）而成。④ 而关于心理学史已有较多关注的心理学译介《心灵学》，陈启伟首先指出了其中的哲学思想，⑤ 顾有信则进一步指明了其中所包含的逻辑学内容。⑥ 另外需要指出的是，e-考据方法已为相关研究所用，如晋荣东基于电子数据库对一系列中国近代逻辑史的史实问题进行了考证。⑦

在史料挖掘工作中，讨论较多的是培根思想何时传入中国的问题。余丽嫦早先认为，最早将培根思想介绍到中国的是严复。⑧ 此后随着新史料的不断发现，培根思想传入中国的时间节点也一再前移。张江华提出，王韬在1873年《瓮牖余谈》的《英人倍根》一文中，最早向中国人提及了培根的学术观点及其著作。⑨ 其后，邹振环在1856年译出的《大英国志》中发现了对培根学说的介绍，并认为王韬撰写《英人倍根》的材料

---

① 王宏斌：《培根的〈新工具〉与晚清思想界——简论五四之前的科学启蒙》，《中州学刊》1991年第2期。
② Joachim Kurtz, "Matching Names and Actualities: Translation and the Discovery of 'Chinese Logic'", in Michael Lackner and Natascha Vittinghoff, eds., *Mapping Meanings: The Field of New Learning in Late Qing China*, Leiden: Brill, 2004, p. 477.
③ 陈启伟：《关于西学东渐的一封信》，《哲学译丛》2001年第2期。
④ Joachim Kurtz, "The First Chinese Adaptation of Mill's Logic: John Fryer and his *Lixue xuzhi* (1898)", 《或问》（日）2004年第8期。
⑤ 陈启伟：《关于西学东渐的一封信》，《哲学译丛》2001年第2期。
⑥ Joachim Kurtz, *The Discovery of Chinese Logic*, Leiden: Brill, 2011, pp. 118–125.
⑦ 晋荣东：《e-考据与中国近代逻辑史疑难考辩》，《社会科学》2013年第4期。
⑧ 余丽嫦：《培根及其哲学》，人民出版社1987年版，第435页。
⑨ 张江华：《最早在中国介绍培根生平及其学说的文献》，《中国科技史料》1990年第4期。

可能来自《大英国志》的译者慕维廉和蒋敦复。① 邓亮和冯立昇则提出，对培根学说的华文介绍应不晚于1826年，因为当年开办于马六甲的英华书院（Anglo-Chinese College）出版了提及培根经验论和归纳法的学生用书；而培根思想最早在中国内陆的介绍，应为艾约瑟、王韬翻译并分载于1853年、1858年《中西通书》的"格致新学提纲"，其中1853年一文中就已经提及培根，并成为之后王韬介绍培根思想的参考。②

二 历史语境的重构

历史研究不仅要还原历史，更要推动对历史的理解。结合归纳逻辑传入的文本与时代背景，研究者讨论了受其影响的对传统认知方式与政治观念的反叛。袁伟时早年即提出，由于培根思想的传入有利于摆脱过时意识形态的束缚，故而被力图学习西方而实现富强的朝野人士推崇。③ 顾有信注意到慕维廉只翻译了《新工具》第一卷这一特征，认为这就决定了在慕维廉那里，培根的"新工具"与其说是新的逻辑，倒不如说是对传统论证方式的完全拒斥。④ 陈美东主编的《简明中国科学技术史话》更是认为，洋务运动时期的进步思想家"在哲学思想和自然观上，除了强调万事万物都处在变化之中作为他们变法主张的理论根据之外，没有突出的表现"。⑤

《简明中国科学技术史话》的这一表述还代表了另一种较为普遍的观点，即认为晚清时期传入的西学是以既成知识及其技术应用为主流，归纳推理尤其是归纳逻辑影响甚微。如《中国逻辑史（近代卷）》认为，传教士及其中国合作者主导下的西方逻辑系统输入不是出于其重要性而专

---

① 邹振环:《影响中国近代社会的一百种译作》，中国对外翻译出版公司1994年版，第83—84页。
② 邓亮、冯立昇:《培根与笛卡尔及其学说在晚清》，《自然辩证法通讯》2011年第3期。
③ 袁伟时:《19世纪中西哲学和文化交流的几个问题》，《哲学研究》1992年第7期。
④ Joachim Kurtz, *The Discovery of Chinese Logic*, Leiden: Brill, 2011, pp. 102 – 103.
⑤ 陈美东主编:《简明中国科学技术史话》，中国青年出版社2009年版，第666页。

门加以介绍，而是"在普遍介绍西方科学知识、翻译西方的科学著作的过程中夹带进来的"，《辨学启蒙》就是典型代表。① 在艾尔曼（Benjamin A. Elman）看来，尽管中国传统的自然研究在19世纪晚期和西方科学出现了一个融会发展的局面，但几乎只是对既成知识的翻译和应用，而很大程度上忽视了实验室在科学中的发现和检验作用。② 归纳法之所以没有引起足够的重视和推崇，按照雷诺兹（David C. Reynolds）的观点，是因为传教士将科学当作吸引中国知识分子信奉基督教的途径，他们只是科学的"耕种者"而不是"研究者"，因此也就较少注意到科学的认知层面。③

然而需要注意的是，归纳思想还可以通过科学知识的引入，而与中国原有认识论形成会通。已有研究者注意到这一影响，并且发现这不仅明显表现于接受西方科学的代表性人物——如周济提出徐寿已从中国传统科学的思辨性向近代科学的实证性过渡，④ 而且适用于更为广泛的文人群体。后一方面的探究主要以《格致书院课艺》和"经世文编"为研究对象。《格致书院课艺》是格致书院1886年至1894年间考课题目、优秀答卷和评阅人评语的结集出版物。从参与主体来看，有多位洋务官员为考课命题、批阅、赞助，且参加考课的范围并不限于书院学生；而考课内容多以西学和时务为主，仅《格致书院课艺》收录的答卷便征引书刊达254种，⑤ 这就为据此分析其时文人的知识结构、学术兴趣等提供了可能性。尚智丛提出，《格致书院课艺》中不少关于"中西格致异同"的论题与答卷都反映了晚清学者智力兴趣的转移，具体表现为三个方面：研

---

① 李匡武主编：《中国逻辑史（近代卷）》，甘肃人民出版社1989年版，第125页。
② Benjamin A. Elman, *On Their Own Terms*: *Science in China*, *1550 – 1900*, Cambridge (Mass.): Harvard University Press, 2005, p. 396.
③ David C. Reynolds, "Redrawing China's Intellectual Map: Images of Science in Nineteenth-Century China", *Late Imperial China*, Vol. 12, No. 1, June 1991, pp. 27 – 61.
④ 周济：《试论徐寿的科学思想》，《科学技术与辩证法》1994年第4期。
⑤ 熊月之：《导论》，载上海图书馆编《格致书院课艺》1，上海科学技术文献出版社2016年影印本，"导论"第49页。

究对象由"义理"转为"物理",即由对形而上的理念和规律的探讨转向对事物现象间联系的研究;研究方法由思辨转为经验主义的实证方法;对研究成果的认同由博物学转为分科化、体系化的近代科学。① 赵中亚则基于汇集经世文章的《皇朝经世文编》,讨论了晚清的自然科学认知变迁,并指出其中蕴含的归纳元素。② 上述对西学读者群体的关注,契合于阅读史对读者诠释因素的强调,特别是将视野"下沉"到大众群体的取向,③ 也符合刘禾在讨论"跨语际实践"时所主张的,从其他语言引入的理论的意义是由译者和读者共同决定的,概念在新的语言环境中得到了再创造。④ 这一趋势体现在西学东渐的问题域中,便是一系列以"逾淮为枳""新酒旧瓶""种瓜得豆"等相近表述为名的研究。⑤

特别值得指出的是,对术语翻译的关注成为逻辑学东渐研究乃至整个西学东渐研究的重要进路。晚清时期,由于人才缺乏、借用日译、汉字自身困难、意见分歧、西人未及早与中国官方合作等因素,译名统一的问题始终未能得到解决。⑥ 在此背景下,一个与本书相关的分析维度就是从术语的影响来衡量译介的影响,但这方面的讨论主要是围绕严复译语和日译术语的竞争展开,如熊月之曾基于严复选用的术语大都已被替

---

① 尚智丛:《1886—1894 年间近代科学在晚清知识分子中的影响》,《清史研究》2001 年第 3 期。关于《格致书院课艺》答题人对西方科学史、西方科学方法的认识,另见赵云波、邓婧《〈格致书院课艺〉中西方科学史问题探析》,《自然科学史研究》2021 年第 1 期。
② 赵中亚:《从九种〈皇朝经世文编〉看晚清自然科学认知的变迁》,《安徽史学》2005 年第 6 期。
③ 李仁渊:《阅读史的课题与观点:实践、过程、效应》,载蒋竹山主编《当代历史学新趋势》,新北:联经出版事业股份有限公司 2019 年版,第 71—114 页。
④ 刘禾:《跨语际实践——文学,民族文化与被译介的现代性(中国,1900—1937)》,宋伟杰等译,生活·读书·新知三联书店 2002 年版,第 113—115 页。
⑤ 张哲嘉:《逾淮为枳:语言条件制约下的汉译解剖学名词创造》,载[美]沙培德、张哲嘉编《近代中国新知识的建构》,台北:"中央研究院"2013 年版,第 21—52 页;潘光哲:《晚清士人的西学阅读史》,台北:"中央研究院"近代史研究所 2014 年版;张仲民:《种瓜得豆:清末民初的阅读文化与接受政治(修订版)》,社会科学文献出版社 2021 年版。另见张仲民《从书籍史到阅读史——关于晚清书籍史/阅读史研究的若干思考》,《史林》2007 年第 5 期。
⑥ 王树槐:《清末翻译名词的统一问题》,《"中央研究院"近代史研究所集刊》1969 年第 1 期。

换，认为"对严译的社会影响，估计得不能过分"①；王中江、黄克武则进一步对严译术语被日译取代的原因进行了分析。②

与之不同，概念史（德语 Begriffsgeschichte）的视角则着眼于概念本身，以"历史沉淀于特定概念并凭借概念成为历史"为主要前提，将概念视为"历史现实中的经验和期待、观点和阐释模式的聚合体"，借助概念来理解过去的历史。③ 概念史研究首先出现于德语世界中，旨在通过对基础概念的内涵进行共时性与历时性分析，分析"德语是如何认识启蒙运动、法国革命和工业革命期间的社会大变革，并将其概念化、融入到自身词汇中"，进而诠释这一时期的历史。④ 现今，越来越多的学者主张将概念史或历史语义学进路的适用范围加以拓展，用于分析跨地域、跨文化的知识迁移，⑤ 这一取向"不强调由新词汇的翻译'形成'了新语言，再'构成'了新论域，而注意到新论域的出现其实是与词汇翻译、观念形成的过程密切交织在一起"⑥。

概念史视角下晚清西学东渐研究的范例是郎宓榭（Michael Lackner）、阿梅龙（Iwo Amelung）、顾有信主编的文集《新思想的新术语：晚期帝制中国的西学与词汇变化》（*New Terms for New Ideas：Western Knowledge and*

---

① 熊月之：《西学东渐与晚清社会（修订版）》，中国人民大学出版社 2011 年版，第 569—570 页。
② 王中江：《中日文化关系的一个侧面——从严译术语到日译术语的转换及其缘由》，《近代史研究》1995 年第 4 期；黄克武：《新名词之战：清末严复译语与和制汉语的竞赛》，《"中央研究院"近代史研究所集刊》2008 年第 62 期。
③ 方维规：《历史的概念向量》，生活·读书·新知三联书店 2021 年版，第 13、32 页。
④ Reinhart Koselleck, "Introduction and Prefaces to the *Geschichtliche Grundbegriffe*", Michaela Richter trans., *Contributions to the History of Concepts*, Vol. 6, No. 1, Summer 2011, pp. 1 – 37.
⑤ Hagen Schulz-Forberg, "Introduction: Global Conceptual History: Promises and Pitfalls of a New Research Agenda", in Hagen Schulz-Forberg ed., *A Global Conceptual History of Asia, 1860 – 1940*, London: Routledge, 2015, pp. 1 – 24; Jan-Werner Müller, "On Conceptual History", in Darrin M. McMahon and Samuel Moyn, eds., *Rethinking Modern European Intellectual History*, New York: Oxford University Press, 2014, p. 88.
⑥ 黄克武：《近代中国转型时代的民主观念》，载王汎森等《中国近代思想史的转型时代：张灏院士七秩祝寿论文集》，台北：联经出版事业股份有限公司 2007 年版，第 357—358 页。

Lexical Change in Late Imperial China)①。该书编者强调，知识的迁移当然涉及经济、社会、意识形态等多重因素，但它首先还是一个词语迁移的过程，其间被创造或重新定义的词汇对于考量知识迁移尤其重要。顾有信在该书中考察了 logic 的汉译演变，据此展示了"思想史家可以通过分析某个概念融入其他语言和文化环境的路径，特别是针对智识改变的基础性时期，获得一些洞见"。② 顾有信的《中国逻辑的发现》(*The Discovery of Chinese Logic*)一书更是整理了 1860 年至 1911 年间 129 个重要逻辑术语的中译流变，这一数据库展示了不同时代和环境下的译者、作者与读者如何将新概念与既有词汇关联起来，以及相关词汇受此影响而发生的语义重构；在此基础上，该书展示了中国学人对西方逻辑学有了一定认识后，挖掘传统思想资源从而重构"中国逻辑"的过程。③

对词义变迁与历史演变之互动关系的关注，除了严格意义上的概念史研究，还表现于以"新名词"或"关键词"为切入点的研究，以及黄河清等学者基于"近现代汉语辞源数据库"编纂的辞源工具书④、金观涛与刘青峰在"中国近代思想史研究专业数据库（1830—1930）"基础上形成的系列研究。通过对历史语义的梳理，这类研究得出了"在 19 世纪后半叶，中国人用自己熟悉的观念系统对西方现代思想作选择性吸收"⑤"由于中国原词有相对固定的含义，与西方有关词并不是完

---

① Michael Lackner, Iwo Amelung and Joachim Kurtz, eds., *New Terms for New Ideas: Western Knowledge and Lexical Change in Late Imperial China*, Leiden: Brill, 2001.

② Joachim Kurtz, "Coming to Terms with Logic: The Naturalization of an Occidental Notion in China", in Michael Lackner, Iwo Amelung and Joachim Kurtz, eds., *New Terms for New Ideas: Western Knowledge and Lexical Change in Late Imperial China*, Leiden: Brill, 2001, pp. 147–175. 另见［德］顾有信《语言接触与近现代中国思想史——"逻辑"中文译名源流再探讨》，载邹嘉彦、游汝杰主编《语言接触论集》，上海教育出版社 2004 年版，第 170—194 页。

③ Joachim Kurtz, *The Discovery of Chinese Logic*, Leiden: Brill, 2011.

④《近现代汉语新词词源词典》编辑委员会编：《近现代汉语新词词源词典》，汉语大词典出版社 2001 年版；黄河清编著：《近现代辞源》，上海辞书出版社 2010 年版；黄河清编著：《近现代汉语辞源》，上海辞书出版社 2020 年版。

⑤ 金观涛、刘青峰：《观念史研究：中国现代重要政治术语的形成》，法律出版社 2009 年版，第 17 页。

全能够对应的，一经使用，人们便会从原有的含义去理解"① 等具有启发性的观点。

三 进一步研究的展望

由上可见，关于归纳逻辑在华早期本土化的史料积累与理解诠释已经取得了较多成果。在进一步梳理和挖掘史料的基础上，对这一问题的研究尚待从以下四个方面加以拓展，从而为这一历史进程提供更为丰富的认识。

其一，尚未厘清其时归纳逻辑译介与归纳科学译介的关系。考虑到逻辑学在西方学术中的基础地位，无论是明清之际对演绎逻辑的译介，还是从晚清开始的归纳逻辑传入，都应将其置于更为宽泛的学术思想传入的背景中进行诠释。关于此，尚智丛对明末清初传入中国的演绎逻辑及其在西学知识体系中地位的分析提供了一个范本。这项研究在分析其时介绍演绎逻辑的《名理探》一书的同时，也通过对西学知识体系的分析，得出了这些知识系统"追求知识的统一性，强调演绎推理在知识形成中的作用"的基本特征，总结出演绎逻辑借由数学等学科而传入的特点。②

其二，主要聚焦发生在中国的相关史实和语境，而未充分关注同时期的西方历史，尤其是西方科学史。西学东渐关乎知识与思想的迁移，随着全球史和跨国史进路在科学史研究中的推广，③ 研究中西会通更加需要建立在中西比较的基础上。但正如席文（Nathan Sivin）所指出的，经

---

① 熊月之：《晚清几个政治词汇的翻译与使用》，《史林》1999 年第 1 期。
② 尚智丛：《明末清初（1582—1687）的格物穷理之学——中国科学发展的前近代形态》，四川教育出版社 2003 年版。
③ 王作跃：《近现代中国科技史研究：历史、现状与展望》，《中国科技史杂志》2007 年第 4 期。"跨国史"和"全球史"可作进一步区分，但本书仅参照相关研究，认为全球史包含了跨国、跨区域、跨地方、跨文化的视角，参见 Hagen Schulz-Forberg, "Introduction: Global Conceptual History: Promises and Pitfalls of a New Research Agenda", in Hagen Schulz-Forberg ed., *A Global Conceptual History of Asia, 1860–1940*, London: Routledge, 2015, p. 3。

常是"研究一种文化的专家在进行两种文化的比较探究",而开展比较研究需要同时熟悉被比较的双方。① 关于此,张西平已经提出,对西方汉学当然需要批判"冲击—反应"模式并强调"从中国发现历史",但"中国方面研究的薄弱层面正在于西方视角的缺失"。② 具体到西学东渐问题上,韩琦已在关于康熙年间日影观测背后复杂权力运作的研究中,展示了使用欧洲档案从而"以欧洲史证中国史"的价值所在。③

其三,主要关注译者对归纳逻辑的翻译与介绍,而轻视了中国读者对归纳逻辑的理解与诠释。归纳逻辑在华传播的影响,最为重要的标准不是翻译刊印了多少文本,而在于中国读者究竟形成了怎样的理解。因此,在进一步挖掘《格致书院课艺》、"经世文编"等文集的同时,还可通过更为广泛的文人文章、日记、书信等,探究归纳思想之于读者一方的意义所在。不仅是关注著述丰富或日记详细的王韬、钟天纬、孙宝瑄等个人,还可尝试以"条约口岸知识分子"或"口岸知识分子"群体④为单元,总结这一群体理解归纳逻辑的共性所在,或通过交往、互文等社会网络关系分析其中的思想影响机制。

其四,目前对归纳逻辑术语译介的研究更多地关注对术语准确性、传播度的评价,甚至是基于早期术语与现行术语相比差别较大且对于今人来讲晦涩难懂,就认为其不利于归纳逻辑的传入,这种辉格式的评价

---

① [美]席文:《科学史方法论讲演录》,任安波译,北京大学出版社2011年版,第58页。
② 张西平:《序言》,载[美]柏理安《东方之旅:1579—1724 耶稣会传教团在中国》,毛瑞方译,江苏人民出版社2015年版,"序"第2—3页。
③ 韩琦:《科学、知识与权力——日影观测与康熙在历法改革中的作用》,《自然科学史研究》2011年第1期。
④ [美]柯文:《在传统与现代性之间——王韬与晚清改革》,雷颐、罗检秋译,江苏人民出版社2006年版,第9—12页;王立群:《近代上海口岸知识分子的兴起——以墨海书馆的中国文人为例》,《清史研究》2003年第3期;James Reardon-Anderson, *The Study of Change: Chemistry in China, 1840 -1949*, Cambridge: Cambridge University Press, 1991, pp. 72 - 74. 仓田明子不仅梳理了墨海书馆及英华书馆的人际关系,还勾勒出19世纪60年代的开放口岸人物关系图,参见[日]仓田明子《十九世纪口岸知识分子与中国近代化——洪仁玕眼中的"洋"场》,杨秀云译,凤凰出版社2020年版,第107—148、314—315页。

是值得商榷的。正如哈里森（Peter Harrison）所指出的，"如果不加批判地把现代范畴运用于过去的活动，我们便会扭曲过去，因为从事这些活动的人是以完全不同的方式来理解它们的"①。尽管归纳逻辑在中文世界的早期译名多已被替换，但仍可按照概念史的理念，从概念着手，理解其使用者对归纳逻辑的认识以及更深层次的历史语境。

第三节　研究内容与进路

本书旨在探讨西方归纳逻辑在19世纪中国传播过程中的思想会通。在知识观上，这项研究避免单纯对外来传播者的"曲解"与中国接收者的"误读"予以批判，而希望在承认认知的地方性或是地理性的基础上，从跨国又公正的视角来考察外来思想在晚清中国的本土化，亦即本书标题所使用的"碰撞"或是谢和耐（Jacques Gernet）在研究明清之际中西文化相遇时所用的"撞击"（法语 confrontation）②。正如晚清时期在译介西方科学技术上颇有影响力的刊物《格致汇编》载文指出的：

> 凡以格致之理查得新而有益之法，众人往往不悦，常欲阻挠使不兴行。……世人之大半喜故厌新，不欲废弃已有之拙法而用新巧之灵术，自古至今人皆有是。故中国之久不用西国之新法者，亦非奇事也。反之，若果肯顿改旧式、精学西国新而有益之法，则亦为奇事矣。③

基于以上考虑，本书的侧重点就不再是罗列有"什么"归纳逻辑著作或思想被"搬运"到中国，以及介绍和接受得"准确"与否，更不去

---

① ［澳］哈里森：《科学与宗教的领地》，张卜天译，商务印书馆2016年版，第6页。
② ［法］谢和耐：《中国与基督教——中西文化的首次撞击》，耿昇译，商务印书馆2013年版。
③ 《格物杂说·众人初不服有益之新法》，《格致汇编》1877年第8期。

讨论为何中国文化没能自主形成归纳逻辑或是第一时间全盘接受外来归纳逻辑这样本身就存在争议的问题，而关注的是这些思想是"如何"被介绍，又是"如何"被理解的本土化进程。

本书假设，这一时期对归纳逻辑的介绍和接受有着特定的社会文化背景，并体现在论者所使用的中文概念，特别是对中国传统思想话语的选用。因此，本书尤其关注归纳逻辑入华过程中的概念会通，将论者对概念的选用视作他们在不同语境下对归纳逻辑的理解及相关观念的聚集。贯穿全书的除了概念史研究法，还有比较研究法。比较研究并不局限于对不同文化中某个现象的对比，也可以对同一文化中不同时期和地域的观念或习俗进行比较。① 后一种比较对概念史的研究尤为重要，因为只有通过对同一概念历时性的分析，历史语义学的方法才能够上升为概念史的方法。② 本书将在多处对归纳逻辑早期本土化进程进行内部比较，并将其与早前的耶稣会士译介演绎逻辑、稍晚的严复等人译介逻辑学进行比较，从而达到对归纳逻辑乃至西学在 19 世纪中国的会通更为全面的呈现。全书章节安排如下。

第一章梳理归纳逻辑传入前中西双方的智识资源，以获知归纳逻辑入华时究竟有什么样的思想可供介绍到中国，以及其时中国文人思想中有着怎样的智识资源来理解外来思想。毋庸多言，"西方"思想在不同历史时期绝非固定不变，"中国"在中西碰撞后的变革也绝非完全是外力作用的结果，③ 因此有必要首先为归纳逻辑入华提供一个背景概览。

第二章面向归纳科学译介的兴起阶段，首先梳理科学译介中包含的归纳元素，讨论新教精神、归纳科学译介与归纳逻辑译介的互动关系；

---

① [美] 席文：《科学史方法论讲演录》，任安波译，北京大学出版社 2011 年版，第 55—57 页。

② Reinhart Koselleck, "Introduction and Prefaces to the Geschichtliche Grundbegriffe", Michaela Richter trans., Contributions to the History of Concepts, Vol. 6, No. 1, Summer 2011, pp. 17–18.

③ [美] 柯文：《在中国发现历史：中国中心观在美国的兴起》，林同奇译，社会科学文献出版社 2017 年版，第 115—118 页。

继而聚焦《新工具》在华最早相对系统的译介《格致新理》《格致新机》《格致新法》，通过梳理底本、译本及读者反响中对重要概念的表述，讨论译者与读者对归纳逻辑的理解。

第三章关注依托教科书编译的归纳思想传播。随着西学译介规模的扩大，本章的研究对象除了接续前章，继续梳理《辨学启蒙》《理学须知》等汉译逻辑学教科书中的归纳逻辑概念本土化，还将观照到"西学启蒙十六种"、《心灵学》等更为宽泛的科学教科书中作为科学研究方法的归纳方法。

第四章讨论中国学界对外来归纳逻辑思想的理解与态度。如果单纯从特定的归纳逻辑译介文本出发，不仅可能遗漏归纳逻辑传入的媒介，更有可能忽视中国思想的自身发展脉络与中国文人的主体性地位。本章直面中国文人在文章、日记等史料中论及归纳逻辑的话语，探讨本土文化对归纳逻辑的接受与改造及由之产生的思想影响。

第一章

碰撞前的中西智识资源

归纳逻辑入华之前，演绎逻辑曾于明末清初被介绍到中国。其后的西方学术发生了新的变化，特别是归纳科学和归纳逻辑的地位显著提高，这构成了归纳逻辑入华的外来智识资源。同时应注意的是，就本土接受方来说，由于人们惯于使用既有框架认识新思想，在理解什么样的观念被译介到另一种文化前，就有必要先了解在该文化中存在着哪些可用的观念。[1] 因此，在分析归纳逻辑思想的中西会通时，首先需要对双方碰撞之前的原初状况进行基本梳理。

第一节　中国的智识资源

在古代中国具有地方性的认知方式和知识体系中，有着丰富的归纳推理实践。但如若直接从现今认为的中国智识成就之中遴选与西方归纳逻辑相关的思想论说，就有"据西释中"之嫌。为规避这一问题，此处借鉴徐光台提出的一个有益思路。在他看来，对于明末清初儒学和科学的关系，以往多是争论究竟是朱学还是王学更有利于科学的发展，却不如从科学史

---

[1] Sundar Sarukkai, "Translation as Method: Implications for History of Science", in Bernard Lightman, Gordon McOuat and Larry Stewart, eds., *The Circulation of Knowledge between Britain, India and China: The Early-Modern World to the Twentieth Century*, Leiden: Brill, 2013, p. 321.

的视角，考察传教士及其中国合作者借用了哪些相近的部分而把"西学"引入成为一种"格致学"。① 正如谢和耐在讨论这一时期中西文化撞击时所指出的："一般来说，中国人都根据他们自己的传统，来判断欧洲传教士向他们讲授的内容。他们比较容易接受那些似乎与这些传统相吻合，或者是可能比较容易地与之相融合的内容。"② 因此，本节对归纳逻辑入华时中国智识资源的分析，首先梳理明清之际介绍演绎逻辑等西方学问时所依托的本土思想，再考察近代多被认为是较为接近归纳方法的清代朴学传统。

一 格物穷理：从"明明德"到"费罗所非亚"

"格物穷理"是明清之际中西思想会通的重要交汇点，出自《大学》"致知在格物"的理念：

> 古之欲明明德于天下者，先治其国；欲治其国者，先齐其家；欲齐其家者，先修其身；欲修其身者，先正其心；欲正其心者，先诚其意；欲诚其意者，先致其知；致知在格物。
>
> 物格而后致知；致知而后意诚；意诚而后心正；心正而后身修；身修而后家齐；家齐而后国治；国治而后天下平。③

不过，由于《大学》并未对"致知"与"格物"给出明确的解释，这就为理学和心学各自的阐释留下了可能。朱熹由之撰写了《补格物传》，提出：

> 所谓致知在格物者，言欲致吾之知，在即物而穷其理也。盖人

---

① 徐光台：《儒学与科学：一个科学史观点的探讨》，《清华学报》（新竹）1996年第4期。
② ［法］谢和耐：《中国与基督教——中西文化的首次撞击》，耿昇译，商务印书馆2013年版，第421页。
③ 陈晓芬、徐儒宗译注：《论语·大学·中庸》，中华书局2015年版，第250页。

心之灵，莫不有知；而天下之物，莫不有理。惟于理有未穷，故其知有不尽也。是以大学始教，必使学者即凡天下之物，莫不因其已知之理而益穷之，以求至乎其极。至于用力之久，而一旦豁然贯通焉，则众物之表、里、精、粗无不到，而吾心之全体大用无不明矣。此谓物格，此谓知之至也。①

可以看出，在程朱理学"格物—穷理—致知"的认知链中，虽然有着程颐"一草一木皆有理，须是察"②、朱熹"虽草木，亦有理存焉。一草一木，岂不可以格"③ 的主张，但"物"侧重于人事，"理"侧重于道德准则，"知"也是道德认识与修养。因此，"格物穷理"无论是从前提还是结论来看，其重点都是道德修养。而对于"穷"这一从"格物"到"理"的关键环节，更是诉诸直觉，而没有给出由具体认识上升到一般认识的方法。④ 正如晚清格致书院课艺中对《大学》和朱熹思想的评价："或谓格物之物，即物有本末之物；或谓一草一木，亦须去格，而终不言格之之法，与即物穷理穷之之法。"⑤

明清之际，耶稣会士与他们的中国合作者一道，借用"格物穷理"概念把西学阐释为"格物穷理之学"、"穷理诸学"或"穷理学"。"格物穷理之学"的表述由意大利传教士高一志（Alfonso Vagnoni）提出，这一时期来华传教士普遍接受了以《研修计划》（*Ratio atque Institutio Studiorum Societatis Iesu*）为规范的耶稣会教育，高一志的《西学》（后收入《童幼教育》）便是对这一教育体系的介绍。根据《西学》，西方儿童开蒙后首先"习于文"，之后"众学者分于三家而各行其志矣：或从法律

---

① （宋）朱熹：《四书章句集注》，中华书局2011年版，第8页。
② （宋）程颢、程颐著，王孝鱼点校：《二程集》，中华书局1981年版，第193页。
③ （宋）黎靖德编，王星贤注解：《朱子语类》，中华书局1986年版，第420页。
④ 尚智丛：《明末清初（1582—1687）的格物穷理之学——中国科学发展的前近代形态》，四川教育出版社2003年版，第92—98页。
⑤ （清）瞿昂来：《丙戌秋季超等第二名》，载上海图书馆编《格致书院课艺》1，上海科学技术文献出版社2016年影印本，第83页。

之学，或从医学，或从格物穷理之学也。三家者，乃西学之大端也"。关于其中的"格物穷理之学"，高一志进一步指出："费罗所非亚者，译言格物穷理之道也，名号最尊，学者之慧明者，文学既成，即立志向此焉。此道又分五家：一曰落热加，一曰非西加，一曰玛得玛第加，一曰默大非西加，一曰厄第加。"① 由此，"格物穷理"的内涵就由传统的"明明德"之道得以丰富，与外来的"费罗所非亚"对应起来。之后，"格物穷理之学"的表述在西学译介中多有出现，徐光启在介绍传教士利玛窦（Matteo Ricci）的知识结构时就使用了这一概念："顾惟先生之学，略有三种：大者修身事天，小者格物穷理；物理之一端别为象数，一一皆精实典要，洞无可疑，其分解擘析，亦能使人无疑。"② 按照徐光启的描述，"格物穷理之学"以度数之学为基础，加以天文历法、舆地测量学、气象学、水利工程、音律、军事、会计学、建筑学、机械和工程、医药学等"旁通十事"，③ 整个知识体系借助数学中的演绎推理来形成具体知识。

"穷理诸学"出自葡萄牙传教士傅泛际（Francois Furtado）和李之藻共同翻译的《名理探》，该书底本《亚里士多德辩证法概论》（*Commentarii Collegii Conimbricensis Societatis Iesv, in Universam Dialecticam Aristotelis*）是葡萄牙科英布拉学院对亚里士多德（Aristotle）《工具论》的注解本。16、17世纪之交，科英布拉学院对亚里士多德《物理学》《论天》《天象学》《自然诸短篇》《尼各马可伦理学》《论生灭》《论灵魂》《工具论》的注解本在欧洲的基督教学院得到广泛使用。在科英布拉学院等处接受了系统训练的来华传教士，以这套书为底本译出《灵言蠡勺》《寰有诠》《空际格致》《名理探》《修身西学》《斐录答汇》《性学粗述》等书。按照《名理

---

① ［意］高一志著，［法］梅谦立编注，谭杰校勘：《童幼教育今注》，商务印书馆2017年版，第216—219页。此处的"费罗所非亚"对应 philosophia，其五个组成部分分别对应 logica、physica、mathematica、metaphysica、ethica。

② （明）徐光启：《刻几何原本序》，载王重民辑校《徐光启集》，中华书局1963年版，第75页。

③ （明）徐光启：《条议历法修正岁差疏》，载王重民辑校《徐光启集》，中华书局1963年版，第337—338页。

探》的描绘，"穷理诸学"的知识形态包括名理学、形性学、审形学、超性学，对应于亚里士多德哲学体系的逻辑学与方法论、自然哲学、数学、形而上学。1683年，南怀仁（Ferdinand Verbiest）将耶稣会士的西学译介汇集成60卷《穷理学》并进呈康熙皇帝。南怀仁的"穷理学"由《名理探》的"穷理诸学"发展而来，较后者仅删除了形而上学中的自然神论部分，仍然保持了知识的统一性。尽管已经去除了神学内容，《穷理学》却不仅没有被康熙帝接受，甚至未得刊刻，① 抄本也多有散失，目前仅可见14卷残抄本。这些残抄本分布于"理辩之五公称""理推之总论""形性之理推""轻重之理推"四个门类，其中的"理推"或"理辩"均为凭借理性进行推演之意。概而言之，明末清初传入中国的西学"直接继承了亚里士多德哲学的知识统一性，强调以演绎推理取得、统帅各种知识"，虽具有经验主义色彩，但并没有涉及归纳逻辑的具体规则。②

二 尚未被发现的"中国逻辑"

上述对"格物穷理"的强调，符合利玛窦的主张："把孔夫子写下的容易产生歧义的东西诠释为对我们有利的意思。这样，神父们就得到了那些不崇拜偶像的儒家学者的大力支持。"③ 但与之形成鲜明对比的是，利玛窦可能并未找到逻辑推理规则在中国典籍中的对应思想。④

---

① 从直接的史料来看，《穷理学》被拒绝的原因是"文辞甚悖谬不通"，以及所主张的"人之知识记忆皆系于头脑"与中国本土学说的冲突，参见中国第一历史档案馆整理《康熙起居注》，中华书局1984年版，第1104页。对更为深层原因的分析，参见 Ori Sela, "From Theology's Handmaid to the Science of Sciences: Western Philosophy's Transformations on its Way to China", *Transcultural Studies*, Vol. 4, No. 2, December 2013, p. 15。

② 尚智丛：《明末清初（1582—1687）的格物穷理之学——中国科学发展的前近代形态》，四川教育出版社2003年版，第28—59页。

③ ［意］利玛窦：《耶稣会与天主教进入中国史》，文铮译，［意］梅欧金校，商务印书馆2014年版，第356页。

④ ［意］利玛窦：《耶稣会与天主教进入中国史》，文铮译，［意］梅欧金校，商务印书馆2014年版，第22页；［意］利玛窦：《利玛窦书信集》，文铮译，商务印书馆2018年版，第202—203页。

关于"中国逻辑"是否存在、如果存在又是以何种意义存在的问题,诸多讨论援引墨家有关归纳推理的思想来论证中国归纳逻辑的存在,以至于中国逻辑的合法性问题常被还原为墨家有关归纳推理的思想的地位问题。① 墨家逻辑思想以"辩"为核心范畴,近代便有表示"论辩学"或"以谈说和辩论为对象的学问"的"辩学"被用于指称逻辑学,尤其是"中国逻辑"。② 而在明末清初演绎逻辑入华过程中,"辩学"及与之形似的"辨学"就已被交替使用,作为逻辑学(logica)除音译"落日加""落热加"之外的译名。现今的主要逻辑学和哲学工具书均未专门收录"辨学"词条,并多认为指称中国古代逻辑的"辩学"即"辨学";③ 与之类似,相关研究也预设了"辩学"和"辨学"的等同关系。④ 而尽管"辨"与"辩"确为同源字,⑤ 两字通用的记载也见于《康熙字典》(辩"同辨"),⑥ 但以北京大学《CCL 语料库(古代汉语)》⑦ 为据考察西方逻辑学传入前对"辨学"和"辩学"的使用,可发现二者语义并不完全相同。检索"辨学"得到的有效结果为王居正《辨学》一书,该书旨在辨析王安石新法及作为其依据的《周礼》,并

---

① 周云之:《论先秦墨家对古代归纳方法(逻辑)作出的贡献》,《甘肃社会科学》1989年第3期;刘培育:《简论中国古代归纳逻辑思想》,《求是学刊》1986年第2期。
② 周云之:《名辩学论》,辽宁教育出版社1995年版,第3—6、251页;崔清田主编:《名学与辩学》,山西教育出版社1997年版,第1—2、21—23页。
③ 《逻辑学辞典》编辑委员会编:《逻辑学辞典》,吉林人民出版社1983年版,第877—878页;《中国大百科全书·哲学》,中国大百科全书出版社1987年版,第42页;方克立主编:《中国哲学大辞典》,中国社会科学出版社1994年版,第743页;金炳华主任:《哲学大辞典(分类修订本)》,上海辞书出版社2007年版,第324—325页;彭漪涟、马钦荣主编:《逻辑学大辞典》,上海辞书出版社2010年版,第11—13页。张岱年主编的《中国哲学大辞典(修订本)》(上海辞书出版社2014年版)未提及"辨学"。
④ 黄河清:《逻辑译名源流考》,《词库建设通讯》(香港)1994年第12期;周云之:《名辩学论》,辽宁教育出版社1995年版,第3—6页。
⑤ 王力:《同源字典》,商务印书馆1982年版,第523—524页。
⑥ 汉语大词典编纂处整理:《康熙字典(标点整理本)》,汉语大词典出版社2002年版,第1342页。
⑦ 北京大学中国语言学研究中心:《CCL 语料库(古代汉语)》,2009年7月20日,http://ccl.pku.edu.cn:8080/ccl_corpus/index.jsp?dir=gudai,最后访问日期:2014年2月17日。

在此基础上批判王安石对周礼的歪曲;① 检索"辩学"得到的有效结果为《梁书》《南史》"南国辩学如中书者几人?"和《新唐书》"给事中裴士淹以辩学得幸",意为"富于才学而又善辩"。

作为逻辑学概念的"辩学"首次出现于意大利传教士艾儒略（Giulio Aleni）1626 年的《西学凡》,② 该书介绍了"落日加"课程的六大门类：第一，落日加之诸豫论，讨论"理学所用诸名目"；第二，万物五公称之论，包括万物之宗类、物之本类、物之分类、物类之所独有、物类能听所有无物体自若；第三，理有之论，关注"不显形于外，而独在人明悟中义理之有者"；第四，十宗论，分为自立者和依赖者，依赖者又可分为几何、相接、何状、作为、抵受、何时、何所、体势、得用；第五，辩学之论，即"辩是非得失之诸确法"；第六，知学之论，论述"实知与臆度、与差谬之分"。③ 顾有信已通过对照亚里士多德逻辑学体系指出，此处的第五门类"辩学之论"包括关于命题、三段论和谬误的理论。④ 再将《西学凡》与其蓝本《研修计划》进行对照，可知此处"辩学"的讲授内容为亚里士多德的《解释篇》和《前分析篇》。值得注意的是，艾儒略在《西学凡》中对逻辑学的介绍"夫落日加者，译言明辩之道，以立诸学之根基。辩其是与非、虚与实、表与里之诸法"⑤ 应出自高一志《西学》"落热加者，译言明辨之道，以立诸学之根基，而贵辨是与非、实与

---

① 刘丰：《叶时〈礼经会元〉与宋代儒学的发展》,《中国哲学史》2012 年第 2 期。
② 明末清初还曾出现《辩学遗牍》《辩学》《辩学章疏》等宗教辩论性质的译介，民国时长期主持上海徐家汇天主堂藏书楼的徐宗泽也将这些文本归于真教辩护类或教史类（徐宗泽写为"辩学遗牍""辨学章疏"，参见徐宗泽《明清间耶稣会士译著提要》，上海书店出版社 2010 年版，第 94、176 页），因此与本书并无直接关联。与之类似的还有法国国家图书馆藏的《辩学存览》，参见［比］钟鸣旦、［比］杜鼎克、［法］蒙曦主编《法国国家图书馆明清天主教文献》第 16 册，台北利氏学社 2009 年版，第 221—230 页。
③ ［意］艾儒略答述：《西学凡》，载张西平等主编《梵蒂冈图书馆藏明清中西文化交流史文献丛刊》第 1 辑第 35 册，大象出版社 2014 年版，第 211—213 页。
④ Joachim Kurtz, *The Discovery of Chinese Logic*, Leiden: Brill, 2011, p. 42.
⑤ ［意］艾儒略答述：《西学凡》，载张西平等主编《梵蒂冈图书馆藏明清中西文化交流史文献丛刊》第 1 辑第 35 册，大象出版社 2014 年版，第 211 页。

虚、里与表"的表述,① 可见"辩"和"辨"对艾儒略来说是通用的。

"辨学"在逻辑学传入中国过程中的正式出现是 1631 年的《名理探》。译者傅泛际和李之藻在将 logica 译为"名理探"的同时，也使用了"辨学"一词。该书首先介绍了西学的分类——按功能可分为用艺和明艺，用艺又分为韫艺和业艺，辨学"本分在制明悟之作用"而与修学同属韫艺；按地位可分为上伦和下伦，下伦中的"总该修饰灵分之艺"共七种：谭、文、辨、算、乐、量、星，对应于"七艺"；按论述对象可分为"言语之伦"和对事物的论述两类，辨艺和谈艺、文艺共同组成了"言语之伦"。② 据考证，《名理探》的底本《亚里士多德辩证法概论》在此还进一步将"言语之伦"分为外在的人际讨论手段和内在的个人推理手段，这其中蕴含着西方肇始于柏拉图（Plato）的观念：思想是沉默的、内在的言说。③ 而《名理探》尽管略去了这一分类，却仍在下文中将"名理探"界定为"务明内语"，并区别于"本务但在词华"的谭艺、文艺。④ 可见，这里的"辨"属于认知层面，不能因为是"言语之伦"就将其等同于辩论。

根据《名理探》的介绍，逻辑学是"推论之总艺"，亦即根据已知前提"推而通诸未明之辨"，因而有两种功能："设明辨之规"和"循已设之规，而推演诸论"，或表述为"设推辨之规"和"循袭规

---

① ［意］高一志著，［法］梅谦立编注，谭杰校勘:《童幼教育今注》，商务印书馆 2017 年版，第 219 页。关于艾儒略《西学凡》和高一志《西学》的沿袭关系，参见［法］梅谦立《理论哲学和修辞哲学的两个不同对话模式》，载景海峰主编《拾薪集：中国哲学建构的当代反思与未来前瞻》，北京大学出版社 2007 年版，第 82—83 页；黄兴涛《明末至清前期西学的再认识》，《清史研究》2013 年第 1 期。

② ［葡］傅泛际译义，(明)李之藻达辞:《名理探（一）》，载张西平等主编《梵蒂冈图书馆藏明清中西文化交流史文献丛刊》第 1 辑第 35 册，大象出版社 2014 年版，第 308—314 页。关于《名理探》对全部知识和技能的分类，参见尚智丛《明末清初（1582—1687）的格物穷理之学——中国科学发展的前近代形态》，四川教育出版社 2003 年版，第 44 页。

③ Robert Wardy, *Aristotle in China: Language, Categories and Translation*, Cambridge: Cambridge University Press, 2000, pp. 99 – 100.

④ ［葡］傅泛际译义，(明)李之藻达辞:《名理探（一）》，载张西平等主编《梵蒂冈图书馆藏明清中西文化交流史文献丛刊》第 1 辑第 35 册，大象出版社 2014 年版，第 361 页。

条，成诸推辨"。① 《名理探》随后被南怀仁删改收入《穷理学》时，原有的"辨学"及相关表述得以保留，甚至"名理探"这一译名也多被南怀仁改为"理辨学"或"理推学"。② 由上可知，此处的"辨"等同于"推"，对应于演绎推理。

事实上，在中西会通过程中，尽管耶稣会士和中国文人在"穷理"的目的上有着"在万物中寻求及找到天主"和达到最高的"理"的区别，但真正的分歧则在于对"穷理"本身的理解。当时的中国文人更倾向于将"理"理解为原理，而耶稣会士的"理"则同时指"理智"和"原理"。耶稣会士把 philosophia 译为"理学"，继而使用"理推""理辨"来翻译 logica，都体现了西方哲学"藉着理智研究事物的原理"的特点。③ 概而言之，明末清初所介绍的逻辑学虽然同时被表述为"辨学"和"辩学"，但都表示的是思辨之义，而非墨家思想中讨论的论辩。即使这一时期传入的逻辑学在当时的西方世界被冠以"论辩术"（dialecticam）的名义，但其独特之处仍在于"消除作为或然性逻辑的辩证法所具有的暧昧性、晦涩性和不合理性，并进行一种最合理的工作，即持续不断地力求阐明一般思维活动的规则"④。演绎方法和演绎逻辑对于中国文人来说是陌生的，这也在一定程度上解释了为何这一工具受到徐光启等人的推崇，以及为何这种推崇在中国文人中仅限于较小的范围。

三 朴学：从典籍理解自然

尽管"格物穷理"被用作实现中西学术会通的媒介，但双方仍存在着明显差异，这直接表现为乾隆年间编纂的《四库全书总目》对艾儒略

---

① ［葡］傅泛际译义，（明）李之藻达辞：《名理探（一）》，载张西平等主编《梵蒂冈图书馆藏明清中西文化交流史文献丛刊》第 1 辑第 35 册，大象出版社 2014 年版，第 324、335 页。
② ［比］南怀仁集述：《穷理学》，康熙二十二年抄本。南怀仁将《名理探》"五公卷"改为"理辩之五公称"，但正文中则用"理辨"。
③ ［比］钟鸣旦：《"格物穷理"：十七世纪西方耶稣会士与中国学者间的讨论》，《哲学与文化》（新北）1991 年第 7 期。
④ 孙中原：《中国逻辑研究》，商务印书馆 2006 年版，第 171 页。

《西学凡》的不认同:"其致力亦以格物穷理为本,以明体达用为功,与儒学次序略似。特所格之物皆器数之末,而所穷之理又支离神怪而不可诘,是所以为异学耳。"① 但到20世纪初,中国学者已在尝试论证朴学与西方科学在研究方法上的共通,形成了胡适"中国旧有的学术,只有清代的'朴学'确有'科学'的精神"②和梁启超"清儒之治学,纯用归纳法,纯用科学精神"③"乾嘉间学者,实自成一种学风,和近世科学的研究法极相近,我们可以给他一个特别名称,叫做'科学的古典学派'"④等著名观点。此类主张现今已被逐渐认为是一种诠释过度,但对这一类比的回溯仍具有历史维度的研究价值。

考据学之所以被认为与归纳存在关联,通常是因其作为一种研究方法,注重对典籍本身的精密考察,这种对古书通例的强调形成于注重实证、反对"空谈"的思潮。⑤ 在对经典文本的关注中,围绕算学与自然研究知识的考据也占有一席之地,特别是西学知识的传入使得自然知识考据学进一步受到熊明遇等人的青睐。⑥ 明崇祯年间的方以智开创的方氏学派,其"质测通几之学"既讲究"由既明之理演绎推出未明之理"、强调"象数",同时又坚持了契合理学传统的直觉认识方法、推崇西学对现象的观察和描述,

---

① (清)纪昀、陆锡熊、孙士毅等:《钦定四库全书总目(整理本)》,中华书局1997年版,第1673页。类似的表述另见(清)纪昀著,韩希明译注《阅微草堂笔记》,中华书局2014年版,第890—891页。

② 胡适:《清代学者的治学方法》,载欧阳哲生编《胡适文集》(2),北京大学出版社1998年版,第288页。

③ 梁启超:《清代学术概论》,载《饮冰室合集》专集之三十四,中华书局1989年版,第45页。

④ 梁启超:《中国近三百年学术史》,载《饮冰室合集》专集之七十五,中华书局1989年版,第22页。

⑤ [美]艾尔曼:《从理学到朴学:中华帝国晚期思想与社会变化面面观》,赵刚译,江苏人民出版社2011年版,第37—39页;漆永祥:《乾嘉考据学研究(增订本)》,北京大学出版社2020年版,第1—69页。

⑥ 徐光台:《西学传入与明末自然知识考据学:以熊明遇论冰雹生成为例》,《清华学报》(新竹)2007年第1期。

体现出理性主义和经验主义的双重属性。① 到了乾嘉时期，戴震的考据内容除了语言学，也包括天算、地理等方面的知识；由阮元启动编撰的《畴人传》则收录了古代上百位天文历算学家，被认为是 18 世纪江南学术圈热衷自然研究的标志。② 19 世纪中叶，徐寿、华蘅芳等士人"以为诗书经史几若难果其腹，必将究察物理，推考格致，始觉慊心"，并形成了一个"所察得格致新事新理，共相倾谈；有不明者，彼此印证。凡明时天主教师所著天文、算学诸书，及中国已有同类之书，无不推详讨论"的群体。③

尽管如此，这一时期对自然现象的研究大多还是基于文本证据，考据学者并非对自然界完全缺乏好奇心，但并不足以"独立发展出逐步将自然界量化所需的学术研究和实验方法的雏形"。④ 胡适虽然认可朴学方法的科学性，但也认为朴学"方法虽是科学的，材料却始终是文字的"，而自然科学"不限于搜求现成的材料"，还可以通过实验方法创造新的证据。⑤ 19 世纪早期来华的传教士卫三畏（Samuel Wells Williams）在面向西方读者的《中国丛报》（Chinese Repository）中便认为："中国人现今的著述与十四五世纪的欧洲极为相似。那时候，《新工具》尚未出现，理论占据了观察的地位，想象可做事实。不仅是在博物学，中国人在所有学科都需要一个'新工具'。"⑥

---

① 尚智丛：《明末清初（1582—1687）的格物穷理之学——中国科学发展的前近代形态》，四川教育出版社 2003 年版，第 239—263 页。
② [美] 艾尔曼：《早期现代还是晚期帝国的考据学？——18 世纪中国经学的危机》，《复旦学报》（社会科学版）2011 年第 4 期。
③ [英] 傅兰雅：《江南制造总局翻译西书事略》，《格致汇编》1880 年第 5 期。
④ [美] 艾尔曼：《经学·科举·文化史：艾尔曼自选集》，复旦大学文史研究院译，中华书局 2010 年版，第 102 页。
⑤ 胡适：《治学的方法与材料》，载欧阳哲生编《胡适文集》（4），北京大学出版社 1998 年版，第 107、110 页。
⑥ Samuel Wells Williams, "Notices of Natural History; 1, the *mǐh* or tapir; and 2, the *ling-le* or scaly ant-eater: Taken from Chinese Authors", *Chinese Repository*, Vol. 7, No. 1, May 1838, p. 45. 卫三畏还在《中国总论》一书中有类似观点，参见 Samuel Wells Williams, *The Middle Kingdom: A Survey of the Geography, Government, Education, Social Life, Arts, Religion, &c., of the Chinese Empire and Its Inhabitants*, Vol. Ⅱ, New York: Wiley and Putnam, 1848, p. 192。

如果对西方自然神学关注经验事实的传统作一回溯，就可在已有研究指出的来华西人"科学帝国主义"或是殖民主义视角的基础上，[①] 进一步理解卫三畏为何做出这一类比。12世纪前后，基督教对自然漠不关心的导向渐趋转向对知识的追求，由此，寻求真理就需要同时研读《圣经》和"自然之书"，但主要是校勘和翻译权威、对自然界秩序的被动解读，更接近于圣经阐释学；而到17世纪，人们已经在主动研究事物，也就是说，"不再是《圣经》为自然界隐秘的宗教含义提供钥匙，恰恰相反，对自然之书的发现将会揭示《圣经》中被忽视的科学宝藏"。[②] 这一转变并不是割裂而一蹴而就的，由科学革命发展出的自然神论就可被视为一种弱的基督教形式，[③] 牛顿（Isaac Newton）、波义耳（Robert Boyle）、普里斯特利（Joseph Priestley）等自然哲学家都倾向于用科学来证明和赞颂上帝的存在。也正如约翰·雷（John Ray）出版于1691年的《造物中展现的神的智慧》（*The Wisdom of God Manifested in the Works of the Creation*）一书标题所展示的，这一时期尤其强调世界的规律性及其中所显现的神性。

关于自然科学兴起与新教理念的关联，颇具影响力的观点来自默顿（Robert King Merton）。默顿在《十七世纪英格兰的科学、技术与社会》（*Science, Technology and Society in Seventeenth-Century England*）等研究中论证了"英国新教中的清教形式与科学体制化二者之间有意义的积极联系"和"经济和军事的当务之急对于科学研究的各种中心问题的影响"，

[①] 范发迪已经指出，英国在华的帝国主义并不限于以炮舰外交为后盾的商业侵略，还对应着一种认知政权的扩张。这种与帝国主义扩张一体的"科学帝国主义"代表着一种关乎信息收集和知识生产的意识形态与实践，声称自身关于其他地区的知识同样是合乎事实、客观、科学和确定的。参见 Fa-ti Fan, "Science in Cultural Borderlands: Methodological Reflections on the Study of Science, European Imperialism, and Cultural Encounter", *East Asian Science, Technology and Society: An International Journal*, Vol. 1, No. 2, December 2007, pp. 213–231。具体到晚清博物学中的科学帝国主义，另见 Fa-ti Fan, *British Naturalists in Qing China: Science, Empire, and Cultural Encounter*, Cambridge (Mass.): Harvard University Press, 2004, pp. 87–90。

[②] ［澳］哈里森：《圣经、新教与自然科学的兴起》，张卜天译，商务印书馆2019年版。

[③] Alister E. McGrath, *Science and Religion: A New Introduction*, Second edition, New Jersey: Wiley-Blackwell, 2010, pp. 26–29.

这两方面的观点被称作"默顿论题"（Merton Thesis，或译作"默顿命题""默顿论点"）。① 由于默顿对"新教"和"清教"的混用，针对"默顿论题"的批判也一直围绕着其对"清教"的定义展开。② 但在默顿看来，他对于 17 世纪英格兰新教各教派之共性的讨论正是以其多样性为基础的，他所谓的"清教"代表着"禁欲新教主义基本价值态度的理想表述"。③ 可以认为，在默顿的论证中，宗教指的是"主导性的价值观和情感"，清教主义则代表着"一套关于社会功利的价值观和态度，以及对于呈现在自然世界中的上帝造物、理性主义和经验主义与类似问题的一种观点"，而非特定的宗教教义或伦理学说，甚至是超越了教义的"集体无意识性"。④ 有学者更是进一步主张，如果将默顿所用的"清教"替换为"新教"，就可以消解大量争议。⑤ 不难看出，默顿不仅从韦伯（Max Weber）那里获得了清教主义（乃至新教主义）和科学的关系这一问题，其对于"默顿论题"的论证也在一定程度上基于韦伯所阐释的"新教伦理"展开——在默顿看来，科学对自然的研究既能够"加深对造物主威

---

① ［美］夏平:《默顿论点》，涂又光译，载［英］拜纳姆、［英］布朗、［英］波特合编《科学史词典》，宋子良等译，湖北科学技术出版社 1988 年版，第 418—419 页。

② ［美］库恩:《必要的张力》，范岱年、纪树立等译，北京大学出版社 2004 年版，第 117 页；I. Bernard Cohen, "Introduction: The Impact of the Merton Thesis", in I. Bernard Cohen ed. , *Puritanism and the Rise of Modern Science: the Merton Thesis*, New Brunswick: Rutgers University Press, 1990, p. 62; James W. Carroll, "Merton's Thesis on England Science", in I. Bernard Cohen ed. , *Puritanism and the Rise of Modern Science: the Merton Thesis*, New Brunswick: Rutgers University Press, 1990, p. 204。

③ ［美］默顿:《十七世纪英格兰的科学、技术与社会》，范岱年、吴忠、蒋效东译，商务印书馆 2000 年版，第 91 页。

④ Steven Shapin, "Understanding the Merton Thesis", *Isis*, Vol. 79, No. 4, December 1988, pp. 597–598; I. Bernard Cohen, "Introduction: The Impact of the Merton Thesis", in I. Bernard Cohen ed. , *Puritanism and the Rise of Modern Science: the Merton Thesis*, New Brunswick: Rutgers University Press, 1990, p. 62; Gary A. Abraham, "Misunderstanding the Merton Thesis: A Boundary Dispute between History and Sociology", in I. Bernard Cohen ed. , *Puritanism and the Rise of Modern Science: the Merton Thesis*, New Brunswick: Rutgers University Press, 1990, pp. 238–240。

⑤ Joseph Ben-David, "Puritanism and Modern Science: A Study in the Continuity and Coherence of Sociological Research", in I. Bernard Cohen ed. , *Puritanism and Modern Science: the Merton Thesis*, New Brunswick: Rutgers University Press, 1990, p. 258。

力的充分赏识"从而促进赞颂上帝,又具有扩大人类支配自然能力的经济功利性。因此,在新教主义的引导下,从事科学活动就不仅令人向往,更成为一种被强加的"义务和职责"。①

有了以上的知识背景和价值预设,当新教传教士接触到重视典籍文本胜过物质世界的朴学时,便有可能会如卫三畏那样对应到"自然之书"待阅读的时代,也将如李提摩太(Timothy Richard)那样认为:"对中国文明而言,西方文明的优越性在于它热衷于在自然中探讨上帝的工作方式,并利用自然规律为人类服务。"②

第二节　西方的智识资源

古典归纳逻辑以培根和密尔的成就最为卓著。归纳逻辑传入中国的时期,正是培根的《新工具》从拉丁文被译为英文、密尔的《逻辑学体系》出版之时。而除了哲学家们的贡献,19世纪归纳逻辑的发展从科学史的视角来看还有另外两条线索:在科学职业化的背景下,科学家们开始基于自身和历史上的科学实践来反思归纳方法,进而更为强调主体性在归纳过程中的作用;在科学普及潮流中,科学普及者尝试将归纳方法介绍给更为广泛的群体,由此出现了若干涉及归纳逻辑的普及读物。可以认为,19世纪古典归纳逻辑在这三方面的发展,为归纳逻辑入华提供了外部准备。

一　古典归纳逻辑的演进

归纳推理在亚里士多德逻辑学中就有论及。亚里士多德认可归纳在认

---

① [美]默顿:《十七世纪英格兰的科学、技术与社会》,范岱年、吴忠、蒋效东译,商务印书馆2000年版,第12—13、93—94页。
② [英]李提摩太:《亲历晚清四十五年:李提摩太在华回忆录》,李宪堂、侯林莉译,天津人民出版社2005年版,第136页。

识过程中的前提作用,认为"证明从普遍出发,归纳从特殊开始,但除非通过归纳,否则要认识普遍是不可能的"①,继而讨论了完全归纳法、简单枚举归纳法、直觉归纳法等方法。此后,包括伊壁鸠鲁(Epicurus)、司各脱(John Duns Scotus)、奥卡姆(William of Ockham)、罗吉尔·培根(Roger Bacon)等哲人都对归纳推理有所论述。但是,经验世界在近代哲学之前的地位并不受重视,归纳推理还不足以成为重要的哲学反思对象。②

随着唯名论的复活,人们对抽象观念的信仰被打破,并转而重视感官的直接对象,这促进了直接的观察实验和归纳哲学。③ 培根出版于1620年的《新工具》便是为人熟知的代表。他在该书中提出,真理的发现有两条道路:一是从感官的东西飞跃到最普遍的原理,进而由这些不可动摇的原理去发现中级的公理,即"对自然的冒测";二是从感官的东西引出原理,经由逐步上升,最后达到最普遍的原理,即"对自然的解释"。④ 培根首先对第一条道路进行了批判。根据他的分析,认识过程容易受到四种假象的影响而产生错误的信念:种族假象,即以主观感觉为尺度;洞穴假象,即个人的偏见;市场假象,即语言交流所造成的误解;剧场假象,即由于盲目崇拜传统哲学体系和错误的证明法则而造成的偏见,包括亚里士多德代表的诡辩、经验派有限的经验和迷信与神学。而"对自然的冒测"以此为基础,就只能将人们固有的错误信念予以进一步确定,并不能帮助人们发现新知识。⑤

在培根看来,"我们的惟一希望乃在一个真正的归纳法"。⑥ 这种方法

---

① 苗力田主编:《亚里士多德全集》第一卷,中国人民大学出版社1990年版,第283页。
② J. R. Milton, "Induction before Hume", in Dov M. Gabbay, Stephan Hartmann and John Woods, eds., *Handbook of the History of Logic*, Vol. 10 (*Inductive logic*), Oxford: Elsevier, 2011, pp. 12–13.
③ [英]丹皮尔:《科学史及其与哲学和宗教的关系》,李珩译,张今校,商务印书馆1975年版,第151页。
④ [英]培根:《新工具》,许宝骙译,商务印书馆1984年版,第12—15页。
⑤ [英]培根:《新工具》,许宝骙译,商务印书馆1984年版,第39—50页。
⑥ [英]培根:《新工具》,许宝骙译,商务印书馆1984年版,第11页。

不同于亚里士多德《工具论》所推崇的演绎法，故被称为"新工具"。培根尽管认为知识起源于经验，但也意识到感官感觉并不绝对可靠，因此要采用更为精细的归纳方法。根据培根的设计，认识应该分三步进行：一是通过观察和实验，广泛地搜集材料；二是要把获得的材料整理成表式和行式；三是要使用真正的归纳法。培根对最后一步进行了展开论述，他认为要用三个表整理获得的材料（即"三表法"）："要质临现表"，列出各个不同对象所具有的相同性质；"歧义表"或"近似物中的缺在表"，列出与对象相近事物所缺乏的性质；"各种程度表"或"比较表"，即不同对象所具有性质的多少程度。在这些工作的基础上，就可以排除不相干的因素，进行正面解释自然的尝试。①

　　培根之后，经验和归纳在认识中的地位越发得到关注。但相比于经验主义形成了洛克（John Locke）"白板说"等著名理论，归纳推理的可靠性和赖以存在的因果性仍不稳固，尤其是被休谟（David Hume）质疑："第一，我们有什么理由说，每一个有开始的存在的东西也都有一个原因这件事是必然的呢？第二，我们为什么断言，那样一些的特定原因必然要有那样一些的特定结果呢？我们的因果互推的那种推论的本性如何，我们对这种推论所怀的信念的本性又是如何？"② 休谟自己的解决方案是诉诸心理学解释，认为通常所称的因果关系是通过联想而形成的恒常的连贯关系，这是一种习惯的结果。康德（Immanuel Kant）认同休谟的质疑，认为"我们对因果关系的可能性，也就是说，对一个物的存在与必须通过它而成立的另外一个什么物的存在之间的关系的可能性，是决不能通过理性来理解的"③，又转而尝试从先验的角度解决休谟问题。在康德的哲学体系中，原因和结果并不属于感性，而是知性，即主体自我对感性材料加以综合联结并由之形成科学知识的一种先天认识能力。通过

---

① ［英］培根：《新工具》，许宝骙译，商务印书馆1984年版，第127页。
② ［英］休谟：《人性论》，关文运译，商务印书馆1980年版，第94页。
③ ［德］康德：《未来形而上学导论》，庞景仁译，商务印书馆1982年版，第79—80页。

知性，一切感性直观材料都被范畴连接，现象或经验内在的联系、规律性和同一性也就得以铸造，由此综合地得到的经验知识就是客观并且普遍有效的。

需要指出的是，培根的归纳思想并非在提出时就获得了如现今哲学史叙事中的地位。不仅欧陆哲学更为强调理性主义，即便在英国本土，《新工具》也直到19世纪才被译为英文并成为严肃学术研究的对象。① 同一时期，被视为古典逻辑学集大成之作的密尔《逻辑学体系》于1843年出版。该书将推理分为三种：从特殊到普遍的归纳、从普遍到特殊的三段论（而非演绎）、从特殊到特殊，其中的"归纳"是"从一个或若干个例，推及在特定方面与其相似的所有事例"的心灵活动，亦即"对经验的概括"。也就是说，归纳以推理和从已知到未知为必要条件。② 密尔归纳逻辑的基本特征是预设事物的"齐一性"（即同一类事物具有共同的规律）并将其作为归纳的大前提，这种普遍因果律的存在是归纳能够还原成规则的基础。③ 在密尔看来，"一切归纳法的有效性都依赖于这样的假定：每一事件或每一现象的初始，其存在必然有某个原因，有某个前件，正是由于后者的存在，该现象才恒定地且无条件地被延续着"。④ 作为一个经验主义者，密尔必然需要

---

① Richard Yeo, "An Idol of the Market-Place: Baconianism in Nineteenth Century Britain", *History of Science*, Vol. 23, No. 3, September 1985, p. 251; Lukas M. Verburgt, "The Works of Francis Bacon: A Victorian Classic in the History of Science", *Isis*, Vol. 112, No. 4, December 2021, p. 719. 19世纪出现的《新工具》英译本如 Francis Bacon, *The Works of Francis Bacon*, Vol. Ⅳ and Vol. Ⅴ, Peter Shaw trans., London: M. Jones, 1815; Francis Bacon, *The Novum Organon; or, A true Guide to the Interpretation of Nature*, G. W. Kitchin trans., Oxford: The University Press, 1855; Francis Bacon, *The Works of Francis Bacon*, Vol. Ⅷ, James Spedding, Robert Leslie Ellis and Douglas Denon Heath, eds., Boston: Taggard & Thompson, 1863。

② John Stuart Mill, *A System of Logic, Ratiocinative and Inductive: Being a Connected View of the Principles, and the Methods of Scientific Investigation*, Vol. Ⅰ, Eighth edition, London: Longmans, Green, Reader, and Dyer, 1872, pp. 333, 354.

③ John Stuart Mill, *A System of Logic, Ratiocinative and Inductive: Being a Connected View of the Principles, and the Methods of Scientific Investigation*, Vol. Ⅰ, Eighth edition, London: Longmans, Green, Reader, and Dyer, 1872, pp. 356, 378.

④ ［英］密尔：《论归纳法的根据》，夏国军译，载陈波主编《逻辑学读本》，中国人民大学出版社2009年版，第243页。

面对休谟问题式的质疑,而他的解决方案恰恰是"在强调普遍因果律的同时把它看作是经验的而不是先验的"。①

密尔的归纳逻辑理论也关注具体的归纳事例。但在他看来,理论与实践的关系并非描述性的,而是规范性的。因此,密尔提出的具体归纳方法也是应然性的。② 密尔共提供了四种实验方法,衍生出五个信条,现多被称作"穆勒五法":第一是求同法,与之对应的信条是"如若两个以上的现象有且只有一种情况相同,则这种所有现象都满足的情况是给定现象的原因";第二是求异法,信条为"如果一现象发生的境况和没有发生的另一境况只有一处不同,则其为该现象的结果、原因或是原因中不可或缺的部分";第三个信条是前两种方法的组合(又被称作求同求异共用法),即"如果一现象发生的两种以上的境况只有一处相同,而该现象未发生的两个以上境况只有此处不同,则其为该现象的结果、原因或是原因中不可或缺的部分";第三种方法剩余法顺延为第四个信条,为"根据先前的归纳,一现象的一部分是特定前件的结果,则该现象的剩余部分是其余前件的结果";最后是共变法,对应于第五个信条"另一现象无论何时以某种特定方式改变,随之变化的无论是哪种现象,都是该现象的原因、结果或是通过某种因果性事实与之相关"。③

二 职业科学家基于科学实践的反思

19世纪的自然科学快速发展,成就包括物理学中的电磁感应定律和电磁理论、热力学能量守恒定律和能量耗散定律的提出,化学中原子论和元素周期表的确立,天文学中海王星的发现,生命科学中进化论、细

---

① 陈晓平:《评密尔的因果理论》,《自然辩证法研究》2008年第6期。
② David Godden, "Mill's System of Logic", in W. J. Mander ed., *The Oxford Handbook of British Philosophy in the Nineteenth Century*, Oxford: Oxford University Press, 2014, p. 61.
③ John Stuart Mill, *A System of Logic, Ratiocinative and Inductive: Being a Connected View of the Principles, and the Methods of Scientific Investigation*, Vol. Ⅰ, Eighth edition, London: Longmans, Green, Reader, and Dyer, 1872, pp. 451–464.

胞学说、微生物理论的提出,等等。随着专业性的增强,科学研究从一种业余爱好转向职业化,"科学"的本质及其方法也随之成为这一1837年才开始被称作"科学家"(scientist)的群体的身份依据与思考论题。和哲学家不同,科学从业者的观点更为依赖科学发展的历史和自身的科学实践。

正如波普尔(Karl Popper)已经指出的,佩利(William Paley)的理论在当时是被严肃的科学家最为认真对待的理论。① 以佩利1802年出版的《自然神学》(Natural Theology)一书为代表,自然神学的"设计论"沿袭了将"自然之书"作为体悟造物者之道的传统,并在工业革命的大背景下主张:"整个宇宙可以被认为是一部复杂的机械装置,根据固定和可理解的法则来运转",但这并不表明上帝是不必要的,而是相反,机械装置本身就预示着设计和制作的目的和能力。② 佩利的自然神学思想尤其影响到他曾任教的剑桥大学的学生,其著作《基督教的证据》(Evidences of Christianity)和《伦理学》(Moral Philosophy)在当时都是剑桥大学考试必须掌握的内容,达尔文(Charles Darwin)在此求学期间就曾仔细阅读《自然神学》一书。③

在科学家群体中,英国天文学家约翰·赫歇尔(John Frederick William Herschel,下文中"赫歇尔"如不加名均指约翰·赫歇尔)较早对归纳逻辑进行了讨论。赫歇尔的父亲威廉·赫歇尔(Friedrich Wilhelm Herschel)、姑姑卡罗琳·赫歇尔(Caroline Herschel)均为著名的天文学家。威廉·赫歇尔于1781年用自己设计的望远镜发现了天王星,同时,他也是恒星天文学的创始人、英国皇家天文学会第一任会长,其制作的

---

① [英]波普尔:《科学知识进化论:波普尔科学哲学选集》,纪树立编译,生活·读书·新知三联书店1987年版,第431—432页。

② Alister E. McGrath, *Science and Religion: A New Introduction*, Second edition, New Jersey: Wiley-Blackwell, 2010, p. 64. 译文参考了[英]麦克格拉思《科学与宗教引论》,王毅、魏颖译,上海人民出版社2015年版,第70—71页。

③ Charles Darwin, *Autobiographies*, London: Penguin Classics, 2002, pp. 30-31.

望远镜曾被1793年来华的英国马戛尔尼使团作为礼物献给乾隆皇帝;①卡罗琳·赫歇尔长期与这位兄长一起工作,是第一位发现彗星的女性。赫歇尔从剑桥大学圣约翰学院毕业后,继续着父亲的观测和研究工作,尤其是1834年赴好望角进行了四年的天文观测,出版有《在好望角天文观测的结果》(Results of Astronomical Observations made at the Cape of Good Hope)一书。达尔文曾在自传中回忆,他在剑桥的最后一年满怀兴趣地仔细阅读了德国地理学家、博物学家洪堡(Alexander von Humboldt)的《1799—1804年新大陆赤道地区之旅个人记述》(Personal Narrative of Travels to the Equinoctial Regions of the New Continent during the Years 1799 – 1804)和赫歇尔的《自然哲学论》(Preliminary Discourse on the Study of Natural Philosophy),这两本著作激起了他"为自然科学的雄伟结构添砖加瓦、略尽绵薄之力的强烈激情",对他的影响是没有其他书可比的。达尔文还曾于1836年,在乘"小猎犬号"考察加拉帕戈斯群岛后的返程中到好望角拜访赫歇尔,之后又在伦敦与赫歇尔多次见面。②

赫歇尔在1830年写出的《自然哲学论》一书中提出,培根完成了"根据广泛的和一般的原理来说明亚里士多德是怎样错的以及为什么是错的;揭示他的哲理方法特有的弱点,并有一个更有力和更好的方法来代替它"的任务。在承袭英国经验主义传统的同时,赫歇尔又区分了"发现的条件"和"证明的条件",更为强调创造性想象的作用。在他看来,无论是从现象到定律还是从定律到理论,都既可以来自归纳形式的应用,又可以产生于大胆的假说。③

尽管如此,在诸多研究者乃至赫歇尔本人看来,赫歇尔仍然和培

---

① 韩琦:《礼物、仪器与皇帝:马戛尔尼使团来华的科学使命及其失败》,《科学文化评论》2005年第5期。
② Charles Darwin, *Autobiographies*, London: Penguin Classics, 2002, pp. 36, 62. 译文引自[英]乐文思《达尔文》,沈力译,华夏出版社2002年版,第104页。
③ [美]洛西:《科学哲学历史导论》,邱仁宗、金吾伦、林夏水等译,华中工学院出版社1982年版,第64、120—123页。

根、牛顿、洛克、休谟一样属于将知识诉诸经验的经验主义传统，而惠威尔（William Whewell）的哲学在英国语境下则更为特别。[1] 惠威尔毕业于剑桥大学三一学院，从学生时代就与同学赫歇尔、巴贝奇（Charles Babbage）、琼斯（Richard Jones）组成了"哲学早餐俱乐部"（Philosophical Breakfast Club），讨论科学如何造福社会的问题。从1841年直至1866年去世，惠威尔一直担任三一学院院长，scientist 一词正是由他提出。惠威尔对潮汐有深入的研究，同时在物理学、天文学、地质学方面也有著作发表。他于1837年出版了三卷本的《归纳科学史：从古至今》（*History of the Inductive Sciences, from the Earliest to the Present Times*，以下简称《归纳科学史》），1840年出版了两卷本的《归纳科学的哲学：基于历史》（*The Philosophy of the Inductive Sciences, Founded upon Their History*），1858年还直接在《新工具》的基础上出版了《〈新工具〉的革新》（*Novum Organon Renovatum*）一书。

惠威尔的思想特征，是尝试调和经验主义和先验主义。一方面，惠威尔肯定培根思想对科学发展的作用，和培根一样都拒斥将自然科学理解为亚里士多德式演绎法的观点，认为"如果要选择一位哲学家作为科学方法革命的英雄的话，毫无疑问应该是弗朗西斯·培根享此殊荣"[2]；与之同时，惠威尔又深受康德哲学的影响，[3] 将康德哲学的先验论引入英国经验论学说，来论证知识如何能够既是经验的又是必然的。[4] 惠威尔尤

---

[1] John Frederick William Herschel, "Whewell on Inductive Sciences", *The London Quarterly Review*, Vol. 68, June 1841, p. 99; Bernard Lightman, *The Origins of Agnosticism: Victorian Unbelief and the Limits of Knowledge*, Baltimore: The Johns Hopkins University Press, 1988, p. 76.

[2] William Whewell, *The Philosophy of the Inductive Sciences: Founded upon Their History*, Vol. 2, London: John W. Parker, West Strand, 1840, p. 392.

[3] William Whewell, *On the Philosophy of Discovery: Chapters Historical and Critical*, London: John W. Parker and Son, West Strand, 1860, p. 335.

[4] Steffen Ducheyne, "Kant and Whewell on Bridging Principles between Metaphysics and Science", *Kant-Studien*, Vol. 102, 2011, pp. 22–45. 关于惠威尔理论与康德哲学二者关系的争论，参见 Steffen Ducheyne, "Whewell' Philosophy of Science", in W. J. Mander ed., *The Oxford Handbook of British Philosophy in the Nineteenth Century*, Oxford: Oxford University Press, 2014, p. 77。

其强调心灵在知识生产过程中的能动作用,而并非被动的接受者。① 他的科学方法虽然和培根一样以搜集事实为"序曲",但作为第二步的"归纳"并不是由个例概括出全称判断的简单机械过程,而更为强调在归纳时的创造性。惠威尔用"统合"来定义从经验事实到一般性规律的思维活动。在他看来,"统合"就是用充当细线的概念来串起珍珠一样的事实。正如天文学家第谷(Tycho Brahe)和开普勒(Johannes Kepler)的事例所表明的,第谷做了大量观测却未能有科学发现,而开普勒提出开普勒第一定律的关键就在于用椭圆而非本轮的概念处理了第谷的经验材料,从而将行星轨道从正圆改为椭圆。②

密尔曾坦言,撰写《逻辑学体系》时需对整个自然科学进行全面而精确的理解,幸运的是恰逢惠威尔《归纳科学史》的出版。据他回忆:

> 我如饥似渴地阅读它,发现其中讲到的计划就是我需要的东西。书中关于哲学理论部分有许多(如果不是大部分)并不正确,但是它有大量资料可以供我进行思考。同时作者提出的那些资料已经经过精细的加工,这样我以后的工作就便利和简单得多了。我获得了我所渴望的东西。

在《归纳科学史》的推动下,密尔还重读了赫歇尔的《自然哲学论》。他此前也曾反复阅读《自然哲学论》但获益不多,而这次阅读则给了密尔很大帮助。③ 不过,正如密尔在上文中对惠威尔哲学理论的评价,密尔也批判惠威尔在任何归纳推理中都不允许逻辑的存在,由此剩下的

---

① William Whewell, *On the Philosophy of Discovery*: *Chapters Historical and Critical*, London: John W. Parker and Son, West Strand, 1860, p. 218.

② William Whewell, *The Philosophy of the Inductive Sciences*: *Founded upon Their History*, Vol. 2, London: John W. Parker, West Strand, 1840, p. 218.

③ John Stuart Mill, *Autobiography*, London: Oxford University Press, 1928, pp. 175 – 176. 译文引自[英]穆勒《约翰·穆勒自传》,吴良健、吴衡康译,商务印书馆1998年版,第123—124页。

就只有和事实相吻合的"猜测"。在密尔看来，惠威尔拒斥一切归纳信条，因为猜想并不遵循这些信条。① 不过惠威尔并不认同这一责难，他声称自己只是反对机械地处理经验事实，但这个过程仍然是理性的；在他看来，选择合适的概念统合经验事实的过程就是一系列的推理，如果需要的话甚至可以使用任何形式的有效推理。② 更为基础性地，惠威尔还认为，除非密尔能使他提出的归纳方法广泛适用于科学史上那些发现的例子，人们才能更好地评估其方法的价值。③

可以看出，密尔和惠威尔都试图通过"归纳"来捍卫知识的客观性和可能性，但两人却选择了不同的进路。于密尔来讲，他试图祛除或最小化认识中的主观成分，从而保证知识的客观性。但在惠威尔看来，主观成分在认识中是不可剥离的，因此为了实现知识的客观性，就必须重视知识的观念成分。④ 这也使得二人形成了各具特色的归纳理论——惠威尔所理解的"归纳"更为宽泛和综合，而密尔的"归纳"是与"演绎"相对的狭义定义。⑤ 相比较而言，密尔学说的影响更大，这为他赢得了定义"归纳"的权力。⑥

---

① John Stuart Mill, *A System of Logic, Ratiocinative and Inductive: Being a Connected View of the Principles, and the Methods of Scientific Investigation*, Vol. I, Eighth edition, London: Longmans, Green, Reader, and Dyer, 1872, p. 352.

② 正因为此，惠威尔也受到德·摩根（Augustus de Morgan）的批判，认为惠威尔的"归纳"是对"整个工具箱的使用"，参见 Laura J. Snyder, " 'The Whole Box of Tools': William Whewell and the Logic of Induction", in Dov M. Gabbay and John Woods, eds., *Handbook of the History of Logic*, Vol. 4 (*British Logic in the Nineteenth Century*), Oxford: Elsevier, 2008, pp. 182 – 183。

③ William Whewell, *On the Philosophy of Discovery: Chapters Historical and Critical*, London: John W. Parker and Son, West Strand, 1860, pp. 264 – 265.

④ Malcolm Forster, "The Debate between Whewell and Mill on the Nature of Scientific Induction", in Dov M. Gabbay, Stephan Hartmann and John Woods, eds., *Handbook of the History of Logic*, Vol. 10 (*Inductive logic*), Oxford: Elsevier, 2011, pp. 94 – 95.

⑤ Laura J. Snyder, "Renovating the *Novum Organum*: Bacon, Whewell and Induction", *Studies in History and Philosophy of Science*, Vol. 30, No. 4, December 1999, pp. 553 – 554.

⑥ Henry M. Cowles, *The Scientific Method: An Evolution of Thinking from Darwin to Dewey*, Cambridge (Mass.): Harvard University Press, 2020, p. 55.

三　科学普及中的归纳逻辑普及

英国维多利亚时代既是职业科学家的时代，也是科学普及者的时代。通过报刊、教科书、百科全书、儿童文学等廉价印刷物，以及大众讲座、博物馆、植物园、动物园、咖啡屋、俱乐部等活动形式，科学家、作家、记者、宗教团体等多方都在尝试把通俗易懂的科学知识有针对性地介绍给工人阶级、妇女、儿童等社会群体。[1] 这一趋势自19世纪20年代开始就已经在英国全面展开，它的出现可以被归因于功利主义哲学、对教育的信念、业余主义和经验主义的传统、自然神学等社会思潮，公众读写能力的提高，以及印刷技术和运输印刷物的交通技术的进步。[2] 特别是在自然科学的新进展使得科学和神学越发难以调和的情况下，英国基督教知识促进会（Society for the Promotion of Christian Knowledge）和圣教书会（Religious Tract Society）等宗教组织也本着宣扬自身主张的目的，加入出版科学书籍的行列。[3]

在此过程中，科学方法同科学知识一样，也被认为是公众能够理解并加以实践的。[4] 科学成就被认为并非来自天才个人的创造性努力，而是对培根方法的恰当应用，这一平等主义的修辞成为实用知识传播会（Society for the Diffusion of Useful Knowledge）等组织普及科学的动力。[5] 实用知识传播会由布鲁厄姆（Henry Brougham）于1826年牵头成立，旨

---

[1] Bernard Lightman, *Victorian Popularizers of Science: Designing Nature for New Audiences*, Chicago: The University of Chicago Press, 2009, p. 497.

[2] J. N. Hays, "Science and Brougham's Society", *Annals of Science*, Vol. 20, No. 3, September 1964, p. 231; Katy Ring, *The Popularisation of Elementary Science through Popular Science Books c. 1870 – c. 1939*, Ph. D. dissertation, University of Kent, 1988, p. 90; Rosemary Ashton, *Victorian Bloomsbury*, New Haven: Yale University Press, 2012, p. 23.

[3] Bernard Lightman, *Victorian Popularizers of Science: Designing Nature for New Audiences*, Chicago: The University of Chicago Press, 2009, pp. 40–41.

[4] Richard R. Yeo, "Scientific Method and the Rhetoric of Science in Britain, 1830–1917", in John A. Schuster and Richard R. Yeo, eds., *The Politics and Rhetoric of Scientific Method: Historical Studies*, Holland: D. Reidel Publishing Company, 1986, p. 262.

[5] Richard Yeo, "An Idol of the Market-Place: Baconianism in Nineteenth Century Britain", *History of Science*, Vol. 23, No. 3, September 1985, p. 286.

在向工人阶级提供廉价出版物，包括"实用知识文库"（Library of Useful Knowledge）和"趣味知识文库"（Library of Entertainment Knowledge）系列。在"实用知识文库"中，就有布鲁厄姆自己撰写的《科学的对象、优势与乐趣》（*Objects, Advantages, and Pleasures of Science*），以及霍普斯（John Hoppus）1827 年出版的《培根〈新工具（科学研究新方法）〉解读》（*An Account of Lord Bacon's Novum Organon Scientiarum; Or, New Method of Studying the Sciences*）①。后者共有两个部分，分别介绍《新工具》的两卷，其中第一部分在 1831 年还被介绍到美国，收入英国传播实用知识学会授权出版的"美国实用知识文库"（American Library of Useful Knowledge）。② 从内容上看，霍普斯对《新工具》导读的一大特点是引入了《新工具》成书后的牛顿学说等科学史事例来证明培根方法的功效，并更加强调了观察与实验在认识中的作用。尽管实用知识传播会坚持出版物无涉党派和宗教，③ 但该书仍与同时代的自然科学一样带有自然神学的色彩。事实上，该书的作者霍普斯不仅长期担任伦敦大学学院逻辑学与心灵哲学讲席教授，同时也是一名牧师。

政治的改革越发推动了科学的普及。随着英国工人阶级获得投票权、旨在满足工人教育需求的法案得以通过，系列科学教科书"科学启蒙"（Science Primers）于 19 世纪 70 年代出版。其发起人麦克米伦（Daniel Macmillan）同时是科学周刊《自然》（*Nature*）的创办者，该刊最初的目标读者也是科学家之外的外行。麦克米伦邀请博物学家赫胥黎（Thomas Henry Huxley）、化学家罗斯科（Henry Enfield Roscoe）、物理学家斯特沃特（Balfour Stewart）共同出任"科学启蒙"系列的主编，同地理学家盖基（Archibald Geikie）、植物学家胡克（Joseph Hooker）等顶尖学者一道

---

① John Hoppus, *An Account of Lord Bacon's Novum Organon Scientiarum; Or, New Method of Studying the Sciences*, London: Baldwin, Cradock and Joy, 1827.
② Boston Society for the Diffusion of Useful Knowledge, *The American Library of Useful Knowledge*, Vol. I, Boston: Stimpson and Clapp, 1831.
③ Rosemary Ashton, *Victorian Bloomsbury*, New Haven: Yale University Press, 2012, p. 59.

撰写各自领域的教科书,再由赫胥黎写出独立成册的导论(详见附录1)。赫胥黎先前对科学普及并不重视,但他逐渐意识到,必须通过科学普及才能争取到公众对科学投资的支持,并且科学普及需要由专业的科学家进行,而非那些因文字水平高、写作速度快而受到其时出版商重视的作家和记者。① "科学启蒙" 几乎同步地在美国出版,并增加了《发明几何学》《钢琴演奏》《美国自然资源》《科学农业》等分册,《生理学》分册中另加入了"健康"的内容。

"科学启蒙"教科书中的《逻辑学》(Logic) 分册出自逻辑学家、经济学家耶方斯(William Stanley Jevons),旨在引导不能深入学习逻辑学的人在日常生活的普通事务中进行可靠的推理,并作为继续学习耶方斯先前撰写的《逻辑学基础课程》(Elementary Lessons in Logic) 的引导。② 书中对归纳逻辑和演绎逻辑都进行了详细的介绍,认为归纳逻辑关涉的是"我们可以通过何种推理方式,从观察到的事实和事项中获得自然规律"。在耶方斯看来,科学中的伟大发现已经实践了他所认为的归纳的四个步骤:一是初步观察,二是提出假设,三是对假设进行演绎,四是将推演结论与事实进行比照——如果不符,那么假设极有可能是错误的;而即使与事实是相符的,也应该继续在多种环境下进行实验。③ 也就是说,尽管逻辑包括演绎逻辑和归纳逻辑两种,但作为科学方法的归纳推理包含着演绎推理。④《逻辑学》在出版六个月内即售出 8000 册,令耶方斯感到

---

① Bernard Lightman, *Victorian Popularizers of Science: Designing Nature for New Audiences*, Chicago: The University of Chicago Press, 2009, pp. 357 – 369, 390, 29.

② William Stanley Jevons, "To His Wife", in Harriet A. Jevons ed., *Letters and Journal of W. Stanley Jevons*, London: Macmillan, 1886, p. 352. 需要指出的是,不少研究将《逻辑学》书名误作为《逻辑学启蒙》(*Primer of Logic*),这可能源于该书页眉写有 "Primer of Logic",并且耶方斯本人也曾如此称呼。《逻辑学基础课程》首先由张君劢译为《耶方思氏论理学》,连载于《学报》1907 年第 1—12 期;王国维的另一译本《辨学》则于 1908 年出版。

③ William Stanley Jevons, *Logic*, London: Macmillan and CO., 1876, p. 79.

④ William Stanley Jevons, *Logic*, London: Macmillan and CO., 1876, p. 76.

非常满意。①

除此之外,"科学启蒙"丛书中的《导论》《自然地理学》《植物学》等分册都对归纳方法有所讨论。赫胥黎在《导论》中对归纳法和演绎法这两种科学家所使用的方法进行了简单的介绍,并指出进一步的了解还需阅读"科学启蒙"的《逻辑学》分册。② 该系列最早出版的《化学》分册和《物理学》分册指出,这套书的目的与其说是向低年级小学生提供信息,不如说是通过带领他们直面自然来训练他们的思维;③《自然地理学》分册也提出,希望读者不只满足于书中的内容,而是要养成观察周围世界的习惯,甚至要进一步搞清楚内在原因。④

小　　结

本章分析了归纳逻辑入华前,中西两种文化各自有着怎样的智识资源支持这一知识迁移。

就中国思想来看,"格物穷理"是明清之际中学与西学得以会通的关键节点。耶稣会士及其中国合作者以"格物穷理之学"的名义译介西学的过程中,演绎逻辑作为贯穿其中的基础方法也被介绍入华,但当时还不存在一个"中国逻辑"的框架来接受外来的逻辑学思想。而无论是讲求"格物穷理"的程朱理学,还是以"格物穷理之学"之名传入的西学,二者虽都带有不同程度的经验主义色彩,但缺少对归纳逻辑规则的系统设计。此后,朴学在方法上对通例的强调和在对象上对自然的关注,则在一定程度上也构成了中国文人其后理解归纳逻辑的思想准备。

就西方归纳逻辑的发展来讲,培根和密尔等哲学家对归纳法的推崇

---

① William Stanley Jevons, "To His Sister Lucy", in Harriet A. Jevons ed., *Letters and Journal of W. Stanley Jevons*, London: Macmillan, 1886, p. 364.
② Huxley, *Introductory*, London: Macmillan and CO., 1880, pp. 16 – 19.
③ Henry Enfield Roscoe, *Chemistry*, London: Macmillan and CO., 1872, preface.
④ Archibald Geikie, *Physical Geography*, London: Macmillan and CO., 1873, pp. 7, 10 – 11.

与引导成为最直接的译介资源。在哲学家和逻辑学家提出归纳逻辑思想的同时，赫歇尔、惠威尔等科学家基于科学历史与自身实践，对机械的归纳法提出反思，转而更为强调主体性在归纳过程中的作用。除此之外，在科学普及的潮流中，作为科学方法的归纳法也面临着介绍给普通大众的需求，并由之产生了若干涉及归纳逻辑的普及读物。相对而言，科学研究者与科学普及者论述的归纳推理比密尔界定的归纳逻辑更为宽泛，并为同时期有计划译介归纳逻辑的来华传教士在逻辑学专业著述之外提供了更多浅显生动的素材选择。

第二章

新教精神、归纳科学与归纳逻辑译介

18、19世纪之交,英美兴起了旨在复兴基督教福音的"福音复兴运动""第二次大觉醒"等运动,鼓励信徒加入传播福音的行列。受此影响,英美新教各教派开始筹办海外布道组织,最早的对华传教组织伦敦会就是试图联合所有新教教派的产物,① 各个差会之间虽然"没有实现完全的合作,但他们所运用的传教方法却显示出惊人的相似性"②。与明清之际的耶稣会士相比,新教传教士同样感受到自身语言水平的不足,加之清廷政令的限制,使得编制和分发道德宗教方面的文本材料又成为其传教工作的基本特征,③ 并再次对西方的科学技术进行了译介。不过与先前不同的是,在新教精神的影响下,归纳科学及归纳逻辑译介与传教事业的关联呈现出新的形态。

---

① [英]米怜:《新教在华传教前十年回顾》,北京外国语大学中国海外汉学研究中心翻译组译,大象出版社2008年版,第3页。
② [美]赖德烈:《基督教在华传教史》,雷立柏、瞿旭彤、静也等译,香港:道风书社2009年版,第227页。
③ John King Fairbank, "Introduction: The Place of Protestant Writings in China's Cultural History", in Suzanne Wilson Barnett and John King Fairbank, eds., *Christianity in China: Early Protestant Missionary Writings*, Cambridge (Mass.): Harvard University Press, 1985, p. 13.

第一节 传教士译介归纳科学的兴起

新教传教士对自然科学的译介,较为集中于1867年官办的江南制造局翻译馆成立和同文馆增设天文算学馆之后。而如果说进入官办机构后的翻译行为更多受到清廷的引导,那么在此之前,新教传教士译介自然科学的选择则更多地反映了教会及其个人的意愿。随着对华科学译介的兴起,虽然还没有对归纳逻辑的直接译介,但传入的归纳科学中已包含对归纳方法的应用与讨论。本节首先基于"默顿论题"对传教事业与科学译介的关系进行分析,继而提炼早期科学译介中的归纳逻辑元素,以讨论新教精神、传教士的归纳科学译介与归纳逻辑译介三者之间的互动。

一 "默顿论题"视域下的传教士科学译介

对于早期来华的马礼逊、米怜(William Milne)等传教士来说,首要任务当然是翻译《圣经》。随着对中国了解的深入,他们逐渐意识到,译介自然科学有助于破除华夷观念,从而推动传教事业。米怜1815年在马六甲创办期刊《察世俗每月统记传》,其宗旨就是"将传播一般知识与宗教、道德知识结合起来",因为"知识和科学是宗教的婢女,而且也会成为美德的辅助者"。[①] 为了吸引和说服华人关注,《察世俗每月统记传》的封面专门写有"子曰:多闻。择其善者而从之"。据已有统计,《察世俗每月统记传》至1821年停刊的全部244篇文章中,共有直接宣传教义的文章206篇、科学文化方面29篇、学校和济困会的告白和章程9篇,[②]

[①] [英]米怜:《新教在华传教前十年回顾》,北京外国语大学中国海外汉学研究中心翻译组译,大象出版社2008年版,第72页。

[②] 姚福申:《〈察世俗每月统记传〉的再认识——关于南洋最早的中文期刊》,《新闻大学》1995年第1期。

其中的天文学文章"并不是出于宣传科学之目的,而是为了抵制中国天文学引发的关于上帝和宇宙之错误观点"①。郭实猎(Charles Gutzlaff)1833 年在广州创办《东西洋考每月统记传》,也是试图让中国人通过了解西方技艺、科学和原理而意识到"还有很多东西要学"。②

1834 年,在英国实用知识传播会创始人布鲁厄姆的指导下,在华实用知识传播会(Society for the Diffusion of Useful Knowledge in China)在广州成立,其首要目的就是出版能够启迪中国人心灵的书籍,并将西方的技艺与科学介绍给中国人。③ 在华实用知识传播会计划介绍的西学内容按重要性排序为:历史(含传记)、地理(含游记)、博物学、医学、力学与机械技艺、自然哲学、自然神学、文学,其中自然哲学还专门要翻译布鲁厄姆《科学的对象、优势与乐趣》一书。④ 裨治文(Elijah Coleman Bridgman)作为该组织的核心人物,认为当时最需要向中国人介绍的就是历史和地理知识。⑤

根据伟烈亚力(Alexander Wylie)出版于 1867 年的《基督教新教传教士在华名录》(*Memorials of Protestant Missionaries to the Chinese*: *Giving a List of Their Publications*, *and Obituary Notices of the Deceased. With Copious Indexes*,以下简称《名录》),在此之前来华的 338 名新教传教士中有 108

---

① [英]米怜:《新教在华传教前十年回顾》,北京外国语大学中国海外汉学研究中心翻译组译,大象出版社 2008 年版,第 129 页。
② Charles Gutzlaff, "A Monthly Periodical in the Chinese Language", *The Chinese Repository*, Vol. 2, No. 4, August 1833, pp. 186 – 187. 关于郭实猎汉名的考证,参见李骛哲《郭实猎姓名考》,《近代史研究》2018 年第 1 期。
③ "Proceedings Relative to the Formation of a Society for the Diffusion of Useful Knowledge in China", *The Chinese Repository*, Vol. 3, No. 8, December 1834, pp. 380 – 382.
④ "Second Report of the Society for the Diffusion of Useful Knowledge in China, Read before the Members of the Society on the 10th of March, 1837, at 11 a. m. , in the American Hong, No. 2", *The Chinese Repository*, Vol. 5, No. 11, March 1837, pp. 510 – 511.
⑤ "The Third Annual Report of the Society for the Diffusion of Useful Knowledge in China: Read at the General Meeting Held in Canton, Nov. 20th, 1837", *The Chinese Repository*, Vol. 6, No. 7, November 1837, p. 335.

名有中文出版物，其中 27 名有自然科学方面的中文出版物。①《名录》中收录新教对华传教士的中文单独出版物 741 种，其中内容涉及自然科学共 50 种（详见附录 2）。特别是随着传教限制的放宽，传教士西学译介的规模得以扩大，出版机构也从南洋一带转移到香港及广州、宁波、上海等开放口岸，如伦敦会 1843 年在巴达维亚印刷所基础上在上海创办"墨海书馆"（London Missionary Society Press），以及美国长老会 1845 年将在澳门的印刷所迁往宁波并定名为"华花圣经书房"（Chinese and American Holy Classic Book Establishment，1860 年迁往上海时更名为"美华书馆"）。新教传教士中文出版物明显增加的同时，其中的自然科学译介虽然相对比例仍然较低，但绝对数量也有所增长，出现了《地理全志》《续几何原本》《博物通书》《全体新论》等单独出版物，另有《遐迩贯珍》《六合丛谈》等连续出版物也包含丰富的自然科学内容。

传教士投身科学译介的前提在于科学思想与宗教思想的融贯性，特别是 19 世纪的自然神学就由于"严格服从归纳哲学的规则"而可被归于归纳科学。② 如前所述，根据"默顿论题"的论证，新教徒所认可的"功利主义、现世的利益、彻底的经验主义、自由研究的权利乃至责任以及对权威毫不隐讳的个人质疑"与近代科学的价值观相一致。③ 而尽管默

---

① Alexander Wylie, *Memorials of Protestant Missionaries to the Chinese：Giving a List of Their Publications, and Obituary Notices of the Deceased. With Copious Indexes*, Shanghai：American Presbyterian Mission Press, 1867. 按照《名录》中出现的先后顺序，这 27 名新教传教士是：马礼逊、米怜、麦都思（Walter Henry Medhurst）、郭实猎、罗孝全（Issachar Jacox Roberts）、理雅各（James Legge）、合信（Benjamin Hobson）、玛高温（Daniel Jerome Magowan）、伟理哲（Richard Quarterman Way）、哈巴安德（Andrew Patton Happer）、胡德迈（Thomas Hill Hudson）、打马字（John Van Nest Talmage）、慕维廉、伟烈亚力、罗存德（Wilhelm Lobscheid）、艾约瑟、爱德华·蒙克利夫（Edward T. R. Moncrieff）、卢公明（Justus Doolittle）、丁韪良（William A. P. Martin）、俾士（George Piercy）、湛约翰（John Chalmers）、嘉约翰（John Glasgow Kerr）、万为（Erastus Wentworth）、基顺（Otis Gbison）、韦廉臣（Alexander Williamson）、韩雅各（James Henderson）、江德（Irs Miller Condit）。

② ［澳］哈里森：《科学与宗教的领地》，张卜天译，商务印书馆 2016 年版，第 229 页。

③ ［美］默顿：《社会理论和社会结构》，唐少杰、齐心等译，译林出版社 2008 年版，第 762 页。

第二章 新教精神、归纳科学与归纳逻辑译介

顿声称《十七世纪英格兰的科学、技术与社会》没有假定普适性，但他在该书开篇已经指出，其试图探讨的是更为宽泛的话题——"近代科学与技术的兴起所涉及到的那些社会学因素"，以及"是什么样的社会学因素（如果存在这些因素的话）影响着从一门科学向另一门科学、从一个技术领域向另一个领域的兴趣转移"；出于此，默顿不仅探究了为其"提供了特别丰富的材料"的 17 世纪英格兰科学史，① 还论及了其他地域和阶段，并已提出：不仅是在 17 世纪的英格兰，新教与近代科学这两个领域在其他时代和地方都是相互结合和支持的。②

19 世纪来华的新教传教士即延续了这一传统，丁韪良《天道溯原》第一部分的自然神学明显受到佩利《自然神学》一书的影响，③ 慕维廉《格物穷理问答》开篇就按照"两本书"的理念提出"考究造主之事"要同时"看其所造之物及所传之书"④。在此之前，明清之际来华的耶稣会士同样曾尝试学术传教，并主张通过理性"在万物中寻求及找到天主"抑或"力图用统一的世界图景容纳一切人类经验与事实"，⑤ 但如前所述，他们尚没有提供由经验到知识的方法。而晚清新教传教士的科学译介更为侧重经验方法，这不仅可以归因于现代科学对经验的重视，也与默顿的分析一致——在默顿看来，理性"能帮助人欣赏上帝的杰作从而使人能够更充分地赞颂上帝"，但新教徒赞扬的"理性"也从属和辅助于经验论，是指"对经验材料的理性思考"。⑥ 已有研究对晚清植物学和医学译

---

① ［美］默顿：《十七世纪英格兰的科学、技术与社会》，范岱年、吴忠、蒋效东译，商务印书馆 2000 年版，第 30—33 页。
② ［美］默顿：《社会理论和社会结构》，唐少杰、齐心等译，译林出版社 2008 年版，第 762 页。
③ Ralph Covell, *W. A. P. Martin: Pioneer of Progress in China*, Washington: Christian University Press, 1978, pp. 110 - 111.
④ ［英］慕维廉：《格物穷理问答》，咸丰元年墨海书馆印，第 1a 页。
⑤ ［荷］安国风：《欧几里得在中国：汉译〈几何原本〉的源流与影响》，纪志刚、郑诚、郑方磊译，江苏人民出版社 2009 年版，第 6 页。
⑥ ［美］默顿：《十七世纪英格兰的科学、技术与社会》，范岱年、吴忠、蒋效东译，商务印书馆 2000 年版，第 102、107、132 页。

介中的自然神学进行了梳理与分析,尤其强调了韦廉臣、艾约瑟、李善兰翻译的《植物学》中"察植物之精美微妙,则可见上帝之聪明睿智"这一颇具代表性的主张。① 这一时期的科学译介普遍渗透了自然神学的两个理念。

其一,上帝设计出自然界的规律,这套规律适用于任何地域。伟烈亚力在《六合丛谈》第二卷小引中便提出:"列国之制,虽有攸殊,而此心之理,无不相同。天下大主惟一,真道亦惟一。耶苏之教传之最久,播之最远,历代流行,宗从日众,俾民共受其福。"② 不仅如此,麦嘉缔(Divie Bethune McCartee)、艾约瑟等传教士也通过编著《平安通书》、《中西通书》(原名《华洋和合通书》)等多种通书,在日常生活和重要仪式中确立基督教"神"的唯一性,从而应对与中国传统多神论的冲突。③ 如此,就明确了上帝之于整个世界的"造物主"地位。

其二,人应该以理性诉诸自然的秩序,从而实现对上帝的赞颂。除了前文提到的《植物学》,伟烈亚力在《六合丛谈》第一卷小引中也提出:"凡此地球中生成之庶汇,由于上帝所造;而考察之名理,亦由于上帝所界。故当敬事上帝,知其聪明权力,无限无量。……吾侪托其宇下者,自宜阐发奥旨,藉以显厥荣光。"④ 更为完整的表述见于伟烈亚力为《代数学》撰写的序言:

> 盖上帝赐人以智能,当用之务尽,以大显于世。故凡耶稣之徒,恒殚其心思,以考上帝精微之理。已知者,即以告人;未知者,益

---

① 刘华杰:《〈植物学〉中的自然神学》,《自然科学史研究》2008 年第 2 期;苏精:《铸以代刻:十九世纪中文印刷变局》,台北:台大出版中心 2014 年版,第 278 页;王申、吕凌峰:《汇而不通:晚清中西医汇通派对西医的取舍》,《科学技术哲学研究》2015 年第 6 期。
② 沈国威编著:《六合丛谈:附解题·索引》,上海辞书出版社 2006 年版,第 732 页。
③ [新加坡]庄钦永:《麦加缔〈平安通书〉及其中之汉语新词》,载关西大学文化交涉学教育研究中心、出版博物馆编《印刷出版与知识环流:十六世纪以后的东亚》,上海人民出版社 2011 年版,第 372—374、383—384 页。
④ 沈国威编著:《六合丛谈:附解题·索引》,上海辞书出版社 2006 年版,第 522 页。

讲求之。斯不负赋畀之恩。若有智能而不用，或用之而不尽，即为自暴自弃，咎实大焉。此书之译，所以助人尽其智能，读此书者，见己心之灵妙，因以感上帝之恩，而思有以报之。①

正如"默顿论题"关于社会需求影响科学研究侧重点的观点，传教士科学译介也注重在强调实用的中国智识环境中，以自然科学证明西方文化具有帮助中国人支配自然、改善物质生活的功利性。理雅各在给伦敦会秘书的信中就坦言："我可以保险地说，从来就没有中国人为了《圣经》付过一块钱。他们会花一点钱购买其中夹杂着基督教文献的通书，以及像合信医生《全体新论》《天文略论》之类的通俗与科学性的书，但是他们从来不想要也不会买《圣经》和纯粹基督教的书。"② 而根据《重学》译者李善兰的叙述，曾国藩、李鸿章当时已经希望能够通过译介数学而实现"人人习算，制器日精，以威海外各国"。③ 正是基于对中国读者渴求国家强盛的观察，韦廉臣在刊于《六合丛谈》的《格物穷理论》一文中更是提出："国之强盛由于民，民之强盛由于心，心之强盛由于格物穷理。"④ 而从具体译介内容看，这一时期的地理学译介已不再局限于先前的地图和人文地理，玛高温《航海金针》和胡德迈《指南针》的内容都是服务于航海的气象学；天文学方面也更为讲求实用，艾约瑟《咸丰二年十一月初一日日食单》和玛高温《日食图说》便是对当年日食进行的介绍。⑤

---

① ［英］伟烈亚力：《序》，载［英］棣麼甘《代数学》，［英］伟烈亚力口译，（清）李善兰笔受，咸丰己未年墨海书馆印，"序"第3a页。《代数学》作者"棣麼甘"系前章脚注曾提及的德·摩根。
② J. Legge to A. Tidman, 28 October 1852, London Missionary Society Archives, CH/SC 5.3. B, 转引自苏精《西医来华十记》，中华书局2020年版，第137页。
③ （清）李善兰：《重学序》，载［英］胡威立《重学》，［英］艾约瑟口译，（清）李善兰笔述，同治五年金陵书局印，"序"b。
④ 沈国威编著：《六合丛谈：附解题·索引》，上海辞书出版社2006年版，第604页。
⑤ Alexander Wylie, *Memorials of Protestant Missionaries to the Chinese: Giving a List of Their Publications, and Obituary Notices of the Deceased. With Copious Indexes*, Shanghai: American Presbyterian Mission Press, 1867, pp. 133, 153, 187.

二 早期科学译介中的归纳元素

已有研究指出，目前发现较早对培根思想的介绍，见于 1826 年在基督教教育机构英华书院印制的一本双语学习手册。英华书院是马礼逊和米怜于 1818 年在马六甲建立、1820 年建成招生的第一所新教传教士教会学校，旨在"让恒河域外国家和地区使用汉语的民族最终改变信仰，归信基督"。马礼逊在为英华书院起草的规章制度中明确提出了教授逻辑学的计划，如规定"学生将学习阅读和理解中文典籍和基督教圣经，学习读写英文、历史、地理，使用地球仪、逻辑、道德哲学、自然神学和启示神学等课程"。①

英华书院要求欧洲学生必修中文、华人学生必修英文，这本手册就是由中国学生袁德辉与时任校长的传教士高大卫（David Collie）共同完成，② 书中在以中英文对照的方式介绍外国名人时也谈及培根。循此线索可发现，inductive philosophy 这一概念在书中被译为"格物致知"，这也体现出"格物致知"对于外来学术思想的兼容性：

Bacon, an Englishman, was the first philosopher who clearly taught men, how to reason from well known facts to their legitimate consequences, hence he is called the father of the inductive philosophy.

英吉利人名白公，他是开头第一格物之人，所明教人如何推论自明致知之理的干系，从此称他为格物致知之宗师。③

---

① ［英］马礼逊编：《马礼逊回忆录》，杨慧玲等译，大象出版社 2019 年版，第 384—387 页。

② Brian Harrison, *Waiting for China: The Anglo-Chinese College at Malacca, 1818 – 1843, and Early Nineteenth-Century Missions*, Hong Kong: Hong Kong University Press, 1979, p. 127.

③ Shaou Tih, *The English and Chinese Students Assistant, Or Colloquial Phrases, Letters (etc.) in English and Chinese*, Malacca: Mission Press, 1826, p. 47.

第二章　新教精神、归纳科学与归纳逻辑译介　　　　　　　　53

随着科学译介规模的扩大，前文中赫歇尔、惠威尔等科学家对归纳方法的应用和讨论也被持续传入。赫歇尔1849年出版的《天文学概要》(*Outline of Astronomy*) 一书，1859年即由伟烈亚力和李善兰依据1851年版译出《谈天》。① 《谈天》中提出，天文观测由于仪器自身、外部环境、人为操作等因素会产生误差，所以要"先测望，以所得之数造法，即以其法考测望之器，求其误而改正之。循环察验，其差易去也"。在此基础上，《谈天》明确了科学认识的方法：

> 考天地自然之法，必由渐而精。先用疏器，测得数亦疏，命名亦疏，以所得数细考之，而知其不合，或仍其名，而释其理；或立新名，如此考察，至其名与测量之实合而止。当考求时，大法之中，又生小法，故初所立名及数，皆尝改易，而用新法时，其中又有分支之法，必再考之。②

惠威尔编写的物理学教科书《初等力学》(*An Elementary Treatise on Mechanics*) 第5版，是艾约瑟、李善兰1859年译出的《重学》的底本。③《重学》在介绍重力与垂直下落物体的匀加速运动时讲道：

> 近地诸物，为地心所摄引而下坠，为平加力。渐近地心则渐加速，此由测验而知。故空中若无风气等阻力，则物下坠时，无论体之大小、质之轻重，地心摄引力必以渐而加。（时分为率，

---

① 杜石然、范楚玉、陈美东等编著：《中国科学技术史稿（下册）》，科学出版社1982年版，第264页。伟烈亚力在《谈天》序中指出"余与李君同译是书，欲令人知造物主之大能，尤欲令人远察天空，因之近察已躬，谨谨焉修身事天无失秉彝，以上答宏恩，则善矣"，这也渗透了前文所述以经验科学赞颂上帝的理念。参见［英］伟烈亚力《序》，载［英］侯失勒《谈天》，［英］伟烈亚力口译，（清）李善兰删述，咸丰己未年墨海书馆印，"序"第4a页。
② ［英］侯失勒：《谈天》，［英］伟烈亚力口译，（清）李善兰删述，咸丰己未年墨海书馆印，卷三第3b页。
③ 韩琦：《李善兰、艾约瑟译胡威立〈重学〉之底本》，《或问》（日）2009年第17期。

地力为定力。）此理自伽离略发之，今则人人皆知。测验之法，或用轮轴，或用大重下坠令小重上行，或令物下于斜面，或用摆。而用摆尤妙，因其动缓便于测验也。用诸法测之，知摄力之渐加率为定数。

摆之时刻，由于物行弧线之速；物行弧线之速，由于物空中下坠之速。因测验摆速，合于地力为定力当生之速，知所论地力为定力，乃确不可易。①

可以看出，尽管赫歇尔和惠威尔在这两本著作中没有直接论及归纳逻辑，但与中国传统的"格物穷理"和明末清初译介西学的"格物穷理之学"相较，新教传教士译介的自然科学已呈现出新的认识论特征，即面向经验材料的归纳方法的应用。这一方法被艾约瑟和王韬在1853年《中西通书》中的《格致新学提纲》一文中明确表述为："泰昌元年，英国备根著《格物穷理新法》，实事求是，必考物以合理，不造理以合物。"② 但不可忽视的是，传教士毕竟不同于默顿所研究的新教徒科学家，传教动机是其科学译介不可忽视的影响因素。因此，相比惠威尔作为物理学教材的《初等力学》原书对演绎法和归纳法的重视，中译《重学》更为强调的是具体知识的有用性，并将其置于鸦片战争之后的强国目标中。③ 在这种讲求"经世"实用的背景下，就容易更为强调科学知识的应用，而轻视科学知识的生产过程。

与之同时，传教士也在根据科学译介的效果进行着调整。接替麦都思负责墨海书馆的慕维廉曾指出："用科学和常识来对中国人进行思想启

---

① ［英］胡威立：《重学》，［英］艾约瑟口译，（清）李善兰笔述，同治五年金陵书局印，卷十第6b—7a页。
② ［英］艾约瑟、（清）王韬：《格致新学提纲》，转引自邓亮、韩琦《新学传播的序曲：艾约瑟、王韬翻译〈格致新学提纲〉的内容、意义及其影响》，《自然科学史研究》2012年第2期。
③ 聂馥玲：《晚清经典力学的传入——以〈重学〉为中心的比较研究》，山东教育出版社2013年版，第108—109页。

蒙，将有助于我们的伟大工作"，但他在与李善兰接触后又发现："这些人通常对基督教并无兴趣。虽然他们仰慕我们的科学出版物，但并不打算皈依我们的宗教体系。"① 由此，慕维廉基本中止了对墨海书馆的经营，但仍作为一名高产作者活跃于科学译介活动中，② 在下节就将看到其在归纳逻辑入华过程中的重要作用。

第二节 "理""法""机"：《新工具》在华早期形象的演变

除了上述科学译介中的归纳元素，培根《新工具》的译介更是直接带来了系统的归纳逻辑思想。顾有信已经厘清，《新工具》在中国的直接传播始于慕维廉及其中国合作者沈毓桂的工作，具体包括连载于1876—1877年《益智新录》的《格致新理》、分别连载于1877年《格致汇编》和1878年《万国公报》的《格致新法》、1888年出版并于1897年重印的《格致新机》。在此基础上，顾有信从整体上指出，这一系列译介从两点上超越了前人对培根的介绍：一是敢于将其与中国情形进行对比，二是将归纳法作为意识到上帝赋予人类心灵潜能的方式。③ 本节基于现有研究，从历时性的角度讨论相同译者对不同概念的选择，进而展示译者在特定历史背景下针对中国智识进行的调适与中国文人的回应。

一 格致新"理"：将培根思想置于传统理学框架

在上述刊载《新工具》译介的报刊中，相比《万国公报》与

---

① William Muirhead, *China and the Gospel*, London: James Nisbet and Co., 1870, pp. 145 – 146, 194.
② 苏精：《铸以代刻：十九世纪中文印刷变局》，台北：台大出版中心2014年版，第226—227页。
③ Joachim Kurtz, *The Discovery of Chinese Logic*, Leiden: Brill, 2011, pp. 99 – 101.

《格致汇编》在19世纪后期"介绍西学最为集中、最有影响"[①],《益智新录》的知名度则相对较低,加之中国境内尚未发现《益智新录》的馆藏,现有研究关于《益智新录》的论述仅见于李三宝、贝奈特(Adrian A. Bennett)[②]、高晞[③]、顾有信等学者。《益智新录》是出版于1876年7月至1878年5月的月刊,与《万国公报》同由美国传教士林乐知(Young John Allen)主编。林乐知在《万国公报》以"林华书院主人"之名所发的消息称:"本报前云添办月刊报,兹已齐备,名曰'益志(智)新录',取其有益于人也。分任其事者,为驻京艾约瑟、驻沪慕维廉两君也。总司其事者,则本院主任也",[④] 表明该刊系由林乐知带领艾约瑟、慕维廉主持编辑。据《益智新录》序言,该刊旨在通过"遍采诸书,择益略译,俾阅者藉斑窥豹","以备华人采览,可以怡性情、豁胸襟、益智慧、扩见闻,与人事天工两得其源焉",[⑤] 其文章范围涵盖自然科学、历史、时事、宗教类文章。

《新工具》原文由拉丁文撰写而成,至入华时已有多个英译本,这也给判定《格致新理》《格致新法》《格致新机》所依照的原本增加了困难。经比对,上述版本均是对《新工具》第一卷的译介,其中《格致新理》和《格致新机》内容接近于直译且大致相同,而《格致新法》则是运用第三人称的介绍。此处首先借助《格致新理》和《新工具》原文的差异进行分析。从章节结构来看,《格致新理》译文准确地将《新工具》第一卷分为七个部分:"一、天地阐义,辅人布行其权于万物之中,三十七条。二、心中意像,二十四条。三、格学诸道,九

---

① 熊月之:《西学东渐与晚清社会(修订版)》,中国人民大学出版社2011年版,第308页。
② [美]贝奈特:《传教士新闻工作者在中国:林乐知和他的杂志(1860—1883)》,金莹译,广西师范大学出版社2014年版,第62—64页。
③ 高晞:《德贞传:一个英国传教士与晚清医学近代化》,复旦大学出版社2009年版,第126—127页。
④ [美]林华书院主人:《益智新录将出》,《万国公报》1876年第394期。
⑤ [美]林乐知:《益智新录序》,《益智新录》1876年第1期。

第二章 新教精神、归纳科学与归纳逻辑译介　　　　57

条。四、格学差谬，七条。五、格学谬因，十五条。六、格学渐兴之基，三十三条。七、天地阐义新法，十五条"；① 而从具体内容看，《格致新理》在各节的译文后，往往还带有大意概括与进一步阅读指引，如第一条 "人乃天地之役，要阐天地之义也。惟当观其功，而察其理，即能行工明道"之后还附有 "才力有限，见三条"的说明；第三条 "人之知识与其才力相符。若不知其因，即不能成其果。要参天地，必在追念中何以为因，即在行工以为规也"后又附有 "识力相符"的总结。②

目前发现章节结构相同且配有解读的《新工具》有两种：一是1815 年伦敦出版的《培根文集》（*The Works of Francis Bacon*）第四卷③，以脚注的形式进行了简略的解释说明；二是 1852 年印度出版的《培根〈新工具〉（解析版）》（*An Explanatory Version of Lord Bacon's Novum Organum*）④，解说更为详细。进一步对照这些解释说明，可知前者更为接近慕维廉的译本。以注释较多的第 69 节为例，本节共有 5 个注释，其中 "见二六、二七、二八、二九条" "见一五、一八、一九、四十

---

① ［英］慕维廉：《格致新理自、原序》，《益智新录》1876 年第 1 期。《格致新理》自序全文见附录 3。

② ［英］慕维廉：《天地阐义公论》，《益智新录》1876 年第 2 期。《新工具》第一节今译为 "人作为自然界的臣相和解释者，他所能做、所能懂的只是如他在事实中或思想中对自然进程所已观察到的那样多，也仅仅那样多：在此之外，他是既无所知，亦不能有所作为"，第三节今译为 "人类知识和人类权力归于一；因为凡不知原因时即不能产生结果。要支配自然就须服从自然；而凡在思辨中为原因者在动作中则为法则"，参见 ［英］培根《新工具》，许宝骙译，商务印书馆 1984 年版，第 7—8 页。

③ Francis Bacon, *The Works of Francis Bacon*, Vol. IV, Peter Shaw trans., London: M. Jones, 1815.

④ James R. Ballantyne, *An Explanatory Version of Lord Bacon's Novum Organum*, Mirzapore: Orphan School Press, 1852; Vitthala Shastri and J. R. Ballantyne, *An Explanatory Version of Lord Bacon's Novum Organum in Sanskrit and English*, Benares: Recorder Press, 1852. 关于这两个版本之间的关系，参见 Michael S. Dodson, "Re-Presented for the Pandits: James Ballantyne, 'Useful Knowledge,' and Sanskrit Scholarship in Benares College during the Mid-Nineteenth Century", *Modern Asian Studies*, Vol. 36, No. 2, May 2002, pp. 257–298。

条""见一四、一八、一九、二十、二一、二二条""见一九等条"与《培根文集》一致，仅在评论感官印象的错误时标注的"见一六、一八、五十条"与后者的"见第 10、18、50 条"不同。① 但对照《新工具》原文，可知第 16 条并没有相关内容，可能是译者在转述时出现了差误。

当然，以上论证并不足以解决《格致新理》的底本问题，但至少可以表明，译者对《新工具》的诠释并非全部出自其个人理解，而是借鉴了当时西方学术的最新成果。相较于《益智新录》"择益略译，俾阅者藉斑窥豹"的定位，《格致新理》对《新工具》第一卷的呈现是较为完整的。译本主要做了两类删略：一是中国读者相对陌生的西方历史，这些内容在原书中主要作为例证存在，删除之后并不影响原文结构；二是培根对基督教的批判——以第 89 节为例，为了论证迷信和过度盲目于宗教对自然哲学的影响，培根分述了古希腊人将雷电风雨归因于不敬神明、基督教时代否认大地圆形两个例子，但《格致新理》只是对前者进行了直译，对后者则仅以"或云地球圆形，而非平形也"直接带过，甚至强调"格学真理，可以辅翼圣教，显指上帝旨意权能"。②

《格致新理》不仅借用了"格致""理"这样的传统概念，在更为一般的话语表述中同样尝试用程朱理学来诠释培根思想。正如《格致新理》译者在自序中提出的：

> 天下之物，莫不有理。若不因其已知之理，而求其未知之理，循此而造乎极，则必于理有未穷，而于知有不尽矣。今余译《格致新理》一书，揭其未知之理，穷其理而造其极，于是道赅矣，其本

---

① Francis Bacon, *The Works of Francis Bacon*, Vol. Ⅳ, Peter Shaw trans., London: M. Jones, 1815, pp. 43-44；[英]慕维廉：《格致新理·续格学差谬》，《益智新录》1877 年第 10 期。

② [英]慕维廉：《格致新理·续格学差谬》，《益智新录》1877 年第 10 期。

得矣。扩充《大学》明德之功,益广格物致知之理。①

这种依托中国典籍来翻译外来学说的表现并不只此一处,《格致新理》所介绍的"推上之法"和"推下之法"也明显借用了《朱子语类》里的表述(见表2.1)。

表2.1　《〈格致新理〉自序》与朱熹文本的对照举例

朱熹	《格致新理》自序
致,推极也。知,犹识也。推极吾之知识,欲其所知无不尽也。格,至也。物,犹事也。穷至事物之理,欲其极处无不到也。……盖人心之灵莫不有知,而天下之物莫不有理,惟于理有未穷,故其知有不尽也。是以大学始教,必使学者即凡天下之物,莫不因其已知之理而益穷之,以求至乎其极②	朱子所谓推极吾之知识,欲其所知无不尽,穷究事物之理,欲其极处无不到。盖人心之灵,莫不有知;而天下之物,莫不有理。若不因其已知之理,而求其未知之理,循此而造乎极,则必于理有未穷,而于知有不尽矣③
大凡为学有两样,一者是自下面做上去;一者是自上面做下来。自下面做上者,便是就事上旋寻个道理凑合将去,……自上面做下者,先见得个大体,却自此而观事物④	格致之法有二:一推上归其本原,一推下包乎万物,……论推上之法,从地下万物归于上。推下之法,从天上本原界于下

《格致新理》署名仅慕维廉一人,实际则是他与沈毓桂共同完成。沈毓桂于1849年到墨海书馆担任麦都思的助手时已42岁,52岁受洗于艾约瑟,1868年起协助林乐知编辑出版《中国教会新报》及其更名后的《万国公报》,1881年起担任林乐知创办的中西书院的总教习,到1889年时已"与西友艾约瑟、慕维廉、伟烈亚力、林乐知诸君交二十

---

① [英]慕维廉:《格致新理自、原序》,《益智新录》1876年第1期。慕维廉还在《格致理论》一文中使用了"万物莫不各有当然之理"的表述,参见[英]慕维廉《格致理论》,《格致汇编》1876年第7期。
② (宋)朱熹:《四书章句集注》,中华书局2011年版,第5、8页。
③ 这段话也见于徐寿为《格致汇编》所作序言的开篇,参见(清)徐寿《格致汇编序》,《格致汇编》1876年第1期。
④ (宋)黎靖德编,王星贤注解:《朱子语类》,中华书局1986年版,第2762页。

余载"①。根据沈毓桂的回忆，在和慕维廉共同翻译《格致新理》时，"风雨晦明，一编坐对，或穷晰其理，或详译其词，或衍其未竟之端，或探其未宣之蕴"，② 可见译本是二人思想会通的成果。沈毓桂虽一直在科举考试中不得志，但自然熟读理学典籍，也清楚其在中国文人中的地位；慕维廉长期和沈毓桂等人交往，也可借此加深对目标群体的了解。就此而言，《格致新理》上述将培根思想融入程朱理学的特点，一方面呈现出沈毓桂这样的中国文人自觉运用既有观念来理解新思想的认知模式，另一方面也代表了他和慕维廉使用读者群体既有知识框架来介绍新思想，从而为其寻求"智识空间"的传播策略的传播特点。③ 这也正契合于沈毓桂先于张之洞提出"中学为体，西学为用"这一主张时的原初含义——在沈毓桂看来，中学和西学追求共同的"道"，而西方学术的发展使得其拥有了更多的"道"，应把中学作为学习西学的知识基础和参照系。④

慕维廉和沈毓桂对《新工具》本土化的努力不可谓没有效果。再以前文提及的《问西人崇尚洋教，然教中所言质之洋人格致新理不合甚多，能悉举其矛盾处否》一文为例，文章详细罗列了《格致新理》与儒学在"天""格物""本原""上帝""真道"等多个概念上的矛盾，⑤ 却并没有讨论"理"的分歧，可见作者仍然是在传统意义上理解"格致新理"之"理"，并不认为二者之间存在冲突。相较于后来的"格致新法"和"格致新机"，"格致新理"这一表述在其时中国文人的文本中出现得更为频繁。其中，朱澄叙在格致书院课艺中对《格致新

---

① （清）沈毓桂：《西学必以中学为本说》，《万国公报》1889年第2期。
② （清）沈寿康：《格致新机序》，载［英］慕维廉《格致新机》，光绪十四年同文书会印。该序言同时发表于《万国公报》1890年第22期，全文见附录3。
③ David C. Reynolds, "Redrawing China's Intellectual Map: Images of Science in Nineteenth-Century China", *Late Imperial China*, Vol. 12, No. 1, June 1991, pp. 27–61.
④ 易惠莉：《"中学为体，西学为用"的本意及其演变》，《河北学刊》1993年第1期。
⑤ 《问西人崇尚洋教，然教中所言质之洋人格致新理不合甚多，能悉举其矛盾处否》，载（清）何良栋辑《皇朝经世文四编》，台北：文海出版社1966年影印本，第867—868页。

理》进行了详细的介绍：

> 迨至明季万历间，英国刑司贝根创为新论，谓穷理必溯天地之大原，尚臆说者往往歧于摹想，譬彼大匠，非绳墨不能知曲直，非丈尺不能度长短，必心力与机器互用方可得其实据，而大可定。又云格物之学，由万物中谨慎汇选，先融化于智慧之心而包涵之，去渣滓以存精液，更试验其所行之事而强识之，辨虚诬而归真实。爰是设立二法，曰心机料量，曰天地阐义。一以辅助格致之学，一以研穷万物之理。其著作甚富，所最著名者，曰《格致新理》，共分七类。曰天地阐义，凡三十七条。曰方寸意像，凡二十四条。曰格物诸理，凡九条。曰格物差谬，凡七条。曰格物谬因，凡十五条。曰格物学渐兴之基，凡三十三条。曰天地阐义新法，凡十五条。皆更易古昔之遗传，而新其义理，探求天地万物之底蕴，而显其功用。分条析缕，正喻互用，不下数万言。当书之初成，颇形扞格，迨后屡试屡验，如风象、天气、养生术、星学、医学等皆是，由此前说尽辟，其学始精。[①]

但值得注意的是，此文作者对《格致新理》的介绍都出自《格致新理》的序言，却没有论及其正文内容。与之类似，基于《格致新理》的《格致新机》也被《增版东西学书录》评价为"序言指为培根为理学家言与寻常言格致不同，但译笔甚劣，未能深明其义"[②]。这在一定程度上体现了当时读者对于《格致新理》正文的费解。一个可能的原因是，慕

[①] （清）朱澄叙：《己丑北洋春季特课超等第三名》，载上海图书馆编《格致书院课艺》2，上海科学技术文献出版社2016年影印本，第41—42页。该文还经改动收录于《皇朝经世文四编》，参见《问格致之学泰西与中国有无异同》，载（清）何良栋辑《皇朝经世文四编》，台北：文海出版社1966年影印本，第149页。

[②] （清）徐维则辑，（清）顾燮光补辑：《增版东西学书录》，载（清）王韬、（清）顾燮光等编《近代译书目》，国家图书馆出版社2003年影印版，第259页。

维廉和南怀仁等前人一样，对"理"进行了两重诠释：一方面，声称要"益广格物致知之理"，这与当时中国文人所理解的"格致新理"一致，即指称西方科学获得的新知识（见表2.2）；另一方面，又将归纳法翻译为"推上之理"或"从物物中推上之理"，此处的"理"就不再是从格致活动获得的知识，而是格致活动自身的"理"。由于中国传统思想中的"理"较少与 reason 对应起来，① 给"理"增加这一新内涵就会增加读者理解的难度。而归根结底，后一种"理"才是慕维廉"格致新理"的题中之义。因此，对于中国读者来讲，仅阅读《格致新理》这样一本方法论著作，就很难实现他们对科学原理的阅读预期。

表 2.2　与《格致新理》同时期使用"格致新理"表述的文本

论者	文本
梁启超	《中西闻见录》和《格致汇编》"皆言西人**格致新理**，洪纤并载"②
徐维则	《格致汇编》"所言**格致新理**择要摘译，洪纤具载，汇集成编"③
钟天纬	亚里士多德"生平考究**格致新理**，无一种学问不经其研究"④
殷之辂	"盖自**格致新理**出，而旧说几于摒弃如遗"⑤
谭嗣同	"良以一切**格致新理**，悉未萌芽，益复无由悟入，是以若彼其难焉"⑥

---

① 方克立主编：《中国哲学大辞典》，中国社会科学出版社1994年版，第604—605页；金炳华主任：《哲学大辞典（分类修订本）》，上海辞书出版社2007年版，第816页；金观涛、刘青峰：《观念史研究：中国现代重要政治术语的形成》，法律出版社2009年版，第29页；孙彬：《中国传统哲学概念"理"与西周哲学译名之研究》，《日本研究》2015年第2期。
② 梁启超：《读西学书法》，载夏晓虹辑《〈饮冰室合集〉集外文》，北京大学出版社2005年版，第1167页。
③ （清）徐维则辑，（清）顾燮光补辑：《增版东西学书录》，载（清）王韬、（清）顾燮光等编《近代译书目》，国家图书馆出版社2003年影印版，第271页。
④ （清）王佐才：《己丑北洋春季特课超等第二名》，载上海图书馆编《格致书院课艺》2，上海科学技术文献出版社2016年影印本，第31页。
⑤ （清）殷之辂：《甲午春季正课超等第三名》，载上海图书馆编《格致书院课艺》4，上海科学技术文献出版社2016年影印本，第515页。
⑥ （清）谭嗣同：《仁学》，载蔡尚思、方行编《谭嗣同全集》，中华书局1981年版，第291页。

续表

论者	文本
严复	《原强》"意欲本之**格致新理**，溯源竟委，发明富强之事，造端于民，以智、德、力三者为之根本"①
杨象济	《洋教所言多不合西人**格致新理**论》②

注：表中未收录直接以"格致新理"指称培根著作的表述；黑体为本书所加。

二 格致新"法"：展示培根方法的实用性

《格致新法》的两个版本连载于1877年《格致汇编》第2、3、7、8、9期和1878年《万国公报》505—513卷（以下分别简称"汇编版"和"公报版"）。除此之外，"汇编版"的总论和弁言还曾因《格致汇编》被以"格致丛书"的名义盗印，于1902年出版。《格致新法》和《格致新理》均是对《新工具》的译介，因此《格致新法》通常也被认为是慕维廉和沈毓桂以《新工具》为底本进行的翻译，包括《增版东西学书录》也称"慕氏《格致新法》，疑即《新机》之节本"③。尽管"汇编版"只署名慕维廉一人，"公报版"更是未署名，但其时沈毓桂正参与编辑《万

---

① 严复：《与梁启超书》，载王栻主编《严复集》，中华书局1984年版，第514页。此处的"格致新理"包括达尔文的进化论思想、斯宾塞（Herbert Spencer）的教育学和社会学思想等，参见柯遵科、李斌《斯宾塞〈教育论〉在中国的传播与影响》，《中国科技史杂志》2014年第2期。也有学者直接把此处的"格致新理"译为 Novum Organon，参见沈国威《严复与科学》，凤凰出版社2017年版，第63—64页。

② 《洋教所言多不合西人格致新理论》一文讲道："若据格致家言，太阳为诸恒星之一，地球为诸行星之一，行星不能自有光，皆借日之光以为光；诸恒星外必有如地球者，环绕之日属诸行星上，亦必有山川人物一如地球，此不合者一也。……若据格致家言，行星、恒星俱有摄力，互相牵引，凡空中气质、流质、定质行近其轨道内，必为其所引。当撒但问司日者之时，其行近太阳可知，不知当时用何力离开太阳、而不为太阳所引，此不合者二也。……据格致家言，地球有吸力，故古今从未有离此地球而坠入别行星者；况人非养气不生，离地二万尺以上，空气中之养气过于淡薄，不足以资呼吸，故轻气球升至二万六千尺而人已奄毙，则乘云升天尤格致家所必无之理也。"据此判断，此处的"格致新理"为天文学以及与之相关的物理学知识。参见（清）杨象济《洋教所言多不合西人格致新理论》，载（清）葛士浚编《皇朝经世文续编》，台北：文海出版社1966年影印本，第3018—3019页。

③ （清）徐维则辑，（清）顾燮光补辑：《增版东西学书录》，载（清）王韬、（清）顾燮光等编《近代译书目》，国家图书馆出版社2003年影印版，第259页。

国公报》，且与慕维廉合译的《格致新理》仍在连载，确有可能参与译介《格致新法》。不过，《格致新法》的底本却不同于《格致新理》。相较《新工具》原书，《格致新法》的特点在于使用第三人称介绍培根思想且对培根之后的科学史多有援引。以此为线索发现，《格致新法》的底本为前章已论及的霍普斯《培根〈新工具（科学研究新方法）〉解读》一书。该书介绍《新工具》第一卷的第一部分共七章，与"汇编版"一一对应，与"公报版"也基本相同（见表2.3）。

表2.3　　　《格致新法》两个版本与底本的章节对照

底本	"汇编版"	"公报版"
（引言）	总论	小序
Ⅰ. General Prefatory Remarks	弁言第一卷	弁言
Ⅱ. The Idols of the Mind; or Grand Sources of Prejudice	心中意像或名诸疑大源 第二段	心中意像或名诸疑大源
Ⅲ. Different Kinds of false Systems of Philosophy	伪学数等 三段	伪学数等 三段
Ⅳ. Characters of false Systems	伪学形迹 四段	伪学形迹 四段
Ⅴ. Causes of Error in Philosophy	格学差谬诸因 五段	格学差谬诸因 五段
Ⅵ. Grounds of Hope regarding the Advancement of Science	格学振兴与希望之基 六段	格学振兴与希望之基 六段
Ⅶ. Further Remarks Preparatory to the Inductive Method	推论新法略言 七段	

由于并不是对《新工具》的直译，《格致新法》得以规避了《格致新理》宣扬自然神学和《新工具》原书批判基督教崇拜的二难。正如收录于《皇朝经世文四编》的《问西人崇尚洋教，然教中所言质之洋人格致新理不合甚多，能悉举其矛盾处否》一文所敏锐捕捉到的：《格致新理》主张"格学是诸学之根""从格学证耶稣教即是紊乱"，这不仅与韦廉臣《格物探原》等其他传教士出版物"专以格物事证耶稣教，亦以格学为合于彼教"的特点不同，甚至和《格致新理》本身"以格

学为便于崇教也"的论断也是自相矛盾。① 与之不同,《格致新法》以其底本的自然神学色彩为基础,就可以逻辑自洽地宣称"倍根探索天地至深之秘,解说造化主所赋之理,而印于万物之中",而无须面对《格致新理》受到的这一责难。甚至对于归纳推理的有效性问题,《格致新法》虽然也提出"其基在从同然之因而望同然之果。——核算,即可推出总理",但仍然是诉诸造物主,认为"此望乃为人心本然之性,被造化主所赋于衷者,无之则不能知",② 这正是慕维廉在新教精神下译介归纳科学的延续。

将"新工具"翻译为"新法"的"汇编版"开始连载时,《格致新理》的连载还未结束,但对 induction 的翻译也已经由"推上之理"调整为"推上之法"(或简称为"推法"),说明译者不仅是在直译原书名的"方法"一词,而且将"法"这一形象推及对《新工具》的译介。这一译法并非独创。前文已述,艾约瑟和王韬在 1853 年就将"新工具"译为"格物穷理新法"。到了《格致新法》中,"法"仍然是指方法。

从"理"到"法",体现的是对实用性的强调。这种对实用方法的诉求也契合傅兰雅主持《格致汇编》的办刊宗旨。傅兰雅编辑《格致汇编》的目的本就在于希望中国人能够对西方科学"探索底蕴,尽知理之所以然而施诸实用"③。且正如已有研究指出的,正是在《格致新法》发表的 1877 年,《格致汇编》的英文名称从《中国科学杂志》(*The Chinese Scientific Magazine*)改为《中国科学与工艺杂志》(*The Chinese Scientific and Industrial Magazine*),并开始"多刊以制造与工艺等

---

① 《问西人崇尚洋教,然教中所言质之洋人格致新理不合甚多,能悉举其矛盾处否》,载(清)何良栋辑《皇朝经世文四编》,台北:文海出版社 1966 年影印本,第 867—868 页。
② [英]慕维廉:《格致新法总论》,《格致汇编》1877 年第 2 期。
③ (清)徐寿:《格致汇编序》,《格致汇编》1876 年第 1 期。

事"；体现在文章篇数上，《格致汇编》也确实偏重实用工艺技术。① 这样的"理""法"之分，还可见于《格致汇编》刊载的文章《论造蜡烛之法并究其理》②《论机器造冰之法并究其理》③，以及《申报》在介绍《格致汇编》时所认为的："格致之学中西儒士皆以之为治平之本，但名虽同而实则异也。盖中国仅言其理，而西国兼究其法也。"④

尽管《格致新理》后半部分和《格致新法》都将"归纳"形塑为"法"，但二者各有侧重。前者将归纳法翻译为"推上之法"，而《格致新法》虽也用到这一译法，但更多是将归纳法译为"试行之法"。按照"汇编版"的介绍，"倍根排一总理为基，以验推进之法，即为格致新法"，《格致新法》的主旨"非猜度天地之功用，如古士昔日所作；惟从六合凡有实事，并列一处推出总理也"，⑤ 由此就体现出与"推上之法"的区别——如果说"推上之法"是一种自下而上探究原理的推演形式，那么"试行之法"则更为突出实验在科学活动中的作用，因为"试行"正是慕维廉对"实验"的翻译。不仅如此，《格致新法》还承袭了其底本援引科学史的论证风格，如在说明假象的危害和经验观测的重要性时指出：第谷虽然对行星运动进行了详细的观察，但由于深信托勒密（Claudius Ptolemy）"地球恒静即为真理"的学说，故而拒绝接受哥白尼"地球每日自转其轴"的思想；和第谷不同，开普勒则"用第谷所见天文之事，更查出行星运动之法，自此彼时即称其名"。⑥ 在诸多科学史事例的基础上，《格致新法》明确了培根"诸艺之先导""试行格学之始祖"的地位：

---

① 王扬宗：《〈格致汇编〉与西方近代科技知识在清末的传播》，《中国科技史料》1996年第1期。
② ［美］卜舫济：《论造蜡烛之法并究其理》，《格致汇编》1891年第1期。
③ ［美］卜舫济：《论机器造冰之法并究其理》，《格致汇编》1891年第2期。
④ 《书格致汇编后》，《申报》1876年2月24日第1版。
⑤ ［英］慕维廉：《格致新法总论》，《格致汇编》1877年第2期。
⑥ ［英］慕维廉：《续格致新法》，《格致汇编》1877年第3期。

第二章　新教精神、归纳科学与归纳逻辑译介

> 试思西国生才林立如众星，然其士皆仰望倍根若北辰。窃念钮敦之光独超其众，不独以一己之力，亦因饱吸倍根格学之性……其光学、重学、数学、天文等，可识全遵此法而成矣。我确知钮敦熟倍根之书而从之，故获大益。①

可以看出，《格致新法》除了从理性角度论证归纳方法的合理性，还更多地从功利主义的角度对培根归纳法的实用性做了展示与论证。但是，由于《新工具》第一卷主要是"破坏部分"②，介绍方法的部分寥寥，《格致新法》并没能展示培根"解释自然的方术"③应该如何使用，甚至《新工具》第一卷中已经论及方法的"发现表"部分也被完全略去。相较于"公报版"，"汇编版"确实多出了"推论新法略言"一章，但这一部分只是介绍培根针对潜在质疑进行的辩护，实际上仍然是在为介绍归纳法做准备，而并没有谈及如何开展"试行之法"。④ 这就使得《格致新法》只能是通过不断强调新方法的实用性从而强化读者对新方法的信念，但最后的落脚点仅是"新法以查察之由，故必定行。子可望获益；若反之，则绝望矣"⑤。

与《格致汇编》和《万国公报》的广泛影响形成鲜明对比的是，当时中国文人对"格致新法"的提及并不多。郑观应"英国格致会颇多，获益甚大。讲求格致新法者，约十万人"⑥ 中的"格致新法"可能指称归纳方法，但他也同时用这一概念指代更为具体的武器制造方法："或谓

---

① ［英］慕维廉：《格致新法总论》，《格致汇编》1877 年第 2 期。
② ［英］培根：《新工具》，许宝骙译，商务印书馆 1984 年版，第 96 页。
③ ［英］培根：《新工具》，许宝骙译，商务印书馆 1984 年版，第 114 页。
④ ［英］慕维廉：《格致新法·推论新法略言》，《格致汇编》1877 年第 9 期。
⑤ ［英］慕维廉：《格致新法·续格学振兴有希望之基》，《万国公报》1878 年第 513 期。
⑥ （清）郑观应：《盛世危言》，载夏东元编《郑观应集》，上海人民出版社 1982 年版，第 276 页。

希腊火一出，不能接战，然水手有枪炮，船之两边皆可用格致新法御之。"① 与之类似，其他文本中出现的"格致新法"指代的是种植等具体方法，如"盖闻人皆相聚而言曰：溯自六十年前，农人种植之法殊有今昔不同之变矣，皆由老农及学堂究心考察种植格致之新法故也。目下种植失收者，各有所因。如能依格致新法，留心种植，成功易而收效捷，可知格致新法实有大造于农人也"②，"吾闻各国大书院藏书多至数百万种，而格致新法又岁有所增"③。显然，与"新理"类似，"新法"也陷入了介于"符合格致的新方法"和"新的格致自身方法"之间的歧义，而中国读者更为关注的是后者，并不关注格致自身的方法。《格致汇编》对矿冶技术（《钻地觅煤法》《西国开煤略法》《西国炼铁法略论》）、工厂制造（《西国造糖法》《西国造针法说略》《造玻璃法》《西国造砖法》《制纽法》《西国造啤酒法》《造石灰法》《西国制皮法》《西国造纸法》）、印刷技术（《石板印图法》《印字便法》《石印新法》）、农业生产（《西国养蜂法》）等具体方法的侧重也反映了其编者对中国读者阅读需求的理解。

三 格致新"机"：对"中体西用"的适应

1888 年，作为同文书会（Society for the Diffusion of Christian and General Knowledge Among the Chinese，后更名为广学会④）重要成员的慕维廉，将先前连载的《格致新理》汇集并更名为"格致新机"，由同文书会刊印。同文书会成立于 1887 年，由韦廉臣发起，后经慕维廉临时负责，

---

① （清）郑观应：《盛世危言》，载夏东元编《郑观应集》，上海人民出版社 1982 年版，第 915 页。
② 《种植格致学》，载（清）麦仲华辑《皇朝经世文新编》，台北：文海出版社 1966 年影印本，第 530 页。
③ 《推广译书以裨实用议》，载（清）何良栋辑《皇朝经世文四编》，台北：文海出版社 1966 年影印本，第 133 页。
④ 据考证，同文书会改称广学会的时间为 1892 年，参见陈建明、苏德华《关于同文书会研究的几个问题辨析》，《出版科学》2018 年第 2 期。

再由李提摩太接任总干事，宗旨为"向中国人特别是向中国的统治阶级提供有关西方的文明、科学和学术"，以"在他们当中激起一种求知欲"。① 截至1890年，同文书会共有出版物32种，其中涉及自然科学的包括韦廉臣的《格物探原》《植物学》，慕维廉的《格致新机》《地理全志》，傅兰雅的《电学图说》，等等。② 为实现"以西国之学，广中国之学；以西国之新学，广中国之旧学"③，广学会将赠送和销售书刊作为重要的传播途径，尤其是在科举现场发放给参加考试的秀才，因为"在一个在省城的乡试科场上可以接触到一百个县的领袖们，在一个府的科场上就可接触到十个县的领袖"。④ 同文书会1891年的年报介绍：

> 在散发方面，我们特别要谈一谈在最近各省考试时所做的事，也就是说与几千本韦廉臣博士的"格物探源""格致新机""二约释义丛书"，花之安的"自西徂东"，万国公报以及种类繁多的基督教小册子一道，散发了上面提到的皇帝的上谕。这些书被分送到广州、杭州、济南、武昌、南京、北京和太原。⑤

据更名后的广学会年报，《格致新机》至少分别于1897年和1898年重印了500册和4000册，且光绪帝1898年索要的129本书中也包含《格致新机》。⑥ 而除了赠送渠道，《格致新机》还可通过广学会以洋五分的价格购得，⑦ 足见《格致新机》依托同文书会（广学会）这一平台而传

---

① 《同文书会年报（第六号）》，徐获洲译，《出版史料》1989年第2期。
② ［英］韦廉臣：《同文书会实录》，《万国公报》1890年第14期。
③ （清）古吴困学居士：《广学会大有造于中国说》，《万国公报》1896年第88期。
④ 《同文书会年报（第五号）》，方富荫译，《出版史料》1989年第1期。
⑤ 《同文书会年报（第四号）》，康嗣群译，《出版史料》1988年第3—4期。此处将《格致新机》误作为出自韦廉臣，"上面提到的皇帝的上谕"指光绪帝关于宽容基督教的上谕。
⑥ 《广学会年报（第十次）》，方富荫译，《出版史料》1991年第2期；《广学会年报（第十一次）》，方富荫译，《出版史料》1992年第1期。
⑦ 《广学会译著新书总目》，载（清）王韬、（清）顾燮光等编《近代译书目》，国家图书馆出版社2003年影印版，第689页。

尽管从"新理"到"新法"可以被理解为对本土经典学说中"理"之基础地位的让步，但不容忽视的是，意指方法的"法"仍有规范之义，如艾约瑟就曾在《辨学启蒙》中以"格物察理新范""格致新范"来指称《新工具》。① 这样，"新法"便仍有挑战经典学说地位之嫌，甚至会影响到学术思想之外的正统。关于此，在天文历法这样一个颇具政治蕴含的领域中，清初以传教士《时宪历》上所书"依西洋新法"而引发的"康熙历狱"就是一个典型例证。② 林乐知在连载于《万国公报》并结集刊印的《中西关系略论》中，也将格致、通商等措施共同作为富国之法，推崇"以新法而弃古法"或"以新法而更旧制"：

> 昔英国相臣名碑根者，读书人也，辨明古法，易以新法而弃古法。三百年来后人宗之，无有变易，洵为格致中有开必先者。近来格致之法日增一日，传遍天下，皆相臣碑根之前功也。又法国于二百年前有户部大员名戈勒贝者，见国中制造无多，外口通商有限，

---

① ［英］哲分斯：《辨学启蒙》，［英］艾约瑟译，光绪丙戌年总税务司署印，第78b—79a页。

② 顺治年间，平民杨光先四次上告"新法之谬误"而未果。在他看来，《时宪历》上的"依西洋新法"五字便是传教士汤若望（Johann Adam Schall von Bell）等人谋求不轨的证据："今书上传'依西洋新法'五字，是暗窃正朔之权以予西洋，而明谓大清奉西洋之正朔也，其罪岂止无将已乎！"到康熙三年（1664），杨光先再次到礼部控告汤若望谋逆。礼部、吏部经过三个月的审讯，确认汤若望有罪十四，其中便包括用"依西洋新法"表明大清"奉西洋之正朔"，之后又另立新罪，一度建议将汤若望等人凌迟处死。已有研究认为这是一场辅政大臣陷害汤若望的政治斗争（参见马伟华《历法、宗教与皇权：明清之际中西历法之争再研究》，中华书局2019年版，第84—125页），但《时宪历》上的"依西洋新法"仍然起到了导火线的作用。关于审理过程的原始文献，参见安双成编译《清初西洋传教士满文档案译本》，大象出版社2014年版，第22—42页。据康熙记述，其痛心于康熙初年因历法争论而导致的"互为评告，至于死者不知其几"和"众论纷纷，人心不服"，因而"专志于天文历法二十余年，所以略知其大概，不至于混乱也"。康熙对"新法"之争的解决方法是明确历法"原出自中国，传及于极西"，由此在康熙十五年（1676）就"深知新法为是"。参见（清）章梫纂《康熙政要》，台北：华文书局股份有限公司1969年影印本，第903页；中国第一历史档案馆整理《康熙起居注》，中华书局1984年版，第268页。

第二章　新教精神、归纳科学与归纳逻辑译介　　　　　　　　　71

以及各等工作殊非富国之谋，欲以新法而更旧制。斯时也，民人多有不服者。该大员任劳任怨，设天文馆、储才馆，讲求天文格致之学。而又通商，减损清还国债以兴法国。至今史册中论富国之法，无有能出其右者。①

可能更为激进的是，《格致新法》不仅转述了原书对盲从于亚里士多德理论的批判，强调重夺理性思考的权力："执掌理性，被造化者所赋，而操权人柄"②"岂可茫然莫辨，徒从古昔遗言哉"③，还将矛头指向了中国本土的智识权威，提出"外国开新之法以避其古之异端。惜哉！中华自古迄今亦有异说竞起，必当猛绝如星卜堪舆等。……人每考察之，而即由所阻也。……众人去前时之蒙昧，而顿开益智，绝世俗之故态而咸于新法，是中国所大幸也"④。相比较而言，《格致新机》所用的"机"，在洋务运动的时代背景下已然与其英文对照词 machine 实现了会通，使用这样的译名或可降低被误解的风险。

"机"或"器"在《格致新理》和《格致新法》中就已经频繁出现，尤其《格致新理》在翻译培根序言时还使用了"工欲尽其事，必当用其器"⑤ 的表述。显而易见，此处"机"的含义为工具。考虑到逻辑学和哲学曾经长期充当神学的"婢女"，对慕维廉这样的传教士来讲，将逻辑理解为工具并非难事。但在中国智识语境则未见如此，毕竟"机"在传

---

① ［美］林乐知：《中西关系论略·再续第四论谋富之法》，《万国公报》1875 年第 358 期。《中西关系略论》在连载期间使用了"中西关系略论""中西关系论略"两种标题。
② ［英］慕维廉：《格致新法总论》，《格致汇编》1877 年第 2 期。
③ ［英］慕维廉：《培根格致新法小序》，《万国公报》1878 年第 509 期。
④ ［英］慕维廉：《格致新法总论》，《格致汇编》1877 年第 2 期。
⑤ ［英］慕维廉：《格致新理自、原序》，《益智新录》1876 年第 1 期。今译为"在机械力的事物方面，如果人们赤手从事而不借助于工具的力量，同样，在智力的事物方面，如果人们也一无凭借而仅靠赤裸裸的理解力去进行工作，那么，纵使他们联合起来尽其最大的努力，他们所能力试和所能成就的东西恐怕总是很有限的"，参见 ［英］培根《新工具》，许宝骙译，商务印书馆 1984 年版，第 2—3 页。

统的中国哲学中主要指的是事物或现象的根源，①直到19世纪中期之后才普遍地被赋予了machine的含义。②不过，其时的中国读者已经能够从这个意义对"机"进行理解，如钟天纬在格致书院课艺中直接称该书为"新器"③，阅卷人在另一份课艺中也批注道："贝根著书，廓清摧陷，辟古法而生新奇，因名其书曰新器。'器'作'工善事，必利器'之'器'解，盖曰穷理新法云尔。"④此后，严复在《英文汉诂》《穆勒名学》《名学浅说》中分别称为"培根之《穷理新机》""柏庚《致知新器》""《新器》"，⑤王国维发表于1907年的《倍根小传》将该书书名译为"新机关论"，⑥鲁迅1908年署名"令飞"发表的《科学史教篇》讲道："培庚（F. Bacon，1561—1626）著书，序古来科学之进步，与何以达其主的之法曰《格致新机》。……事物之成，以手乎，抑以心乎？此不完于一。必有机械而辅以其他，乃以具足焉"，⑦都是准确地从"器""械"的角度来理解"机"。

沈毓桂在为《格致新机》所作的序中表示："今慕师又将是书排印，俾广流传，并易其名为《格致新机》，嘱余弁首"，这表明选取"机"作为书名应系慕维廉所为。可以认为，至少在慕维廉看来，"机"不仅是培根书名中Organum的本来意义，同时也是能更好迎合目标群体喜好的修

---

① 方克立主编：《中国哲学大辞典》，中国社会科学出版社1994年版，第236页；金炳华主任：《哲学大辞典（分类修订本）》，上海辞书出版社2007年版，第579页。

② 张柏春：《汉语术语"机器"与"机械"初探》，第二届中日机械技术史国际学术会议论文，南京，2000年11月，第40—45页。

③ （清）钟天纬：《己丑北洋春季特课超等第四名》，载上海图书馆编《格致书院课艺》2，上海科学技术文献出版社2016年影印本，第60页。

④ （清）朱澄叙：《己丑北洋春季特课超等第三名》，载上海图书馆编《格致书院课艺》2，上海科学技术文献出版社2016年影印本，第41页。

⑤ 严复：《英文汉诂》，载王栻主编《严复集》，中华书局1984年版，第115页；[英] 穆勒：《穆勒名学》，严复译，商务印书馆1981年版，第241页；[英] 耶方斯：《名学浅说》，严复译，商务印书馆1981年版，第66页。关于严复论及培根的梳理，参见沈国威《严复与科学》，凤凰出版社2017年版，第248—253页。

⑥ 王国维：《倍根小传》，《教育世界》1907年第160期。

⑦ 鲁迅：《科学史教篇》，载《鲁迅全集》第一卷，人民文学出版社2005年版，第31页。

第二章　新教精神、归纳科学与归纳逻辑译介　　73

辞。一方面，"机器""机械"在这一时期被视为国家富强的关键所在，其在中国文人思想中的地位也日益提升，由此，以"机"为书名便可解读为借助机器隐喻的传播手段。沈毓桂在《格致新机》序言中就表达了对"机缄一启，日新又新，皆以是编为缘起"的期待。① 在此之前，王韬《英人倍根》一文中已有类似的表述："自倍根辟其机缄、启其橐钥，于是医法日新而治病多效，农具巧而播种省工。观天文，察地理……此皆效之共见者也。"② 这里的"辟其机缄、启其橐钥"的表述就与慕维廉使用"机"这一概念形成呼应。另一方面，"机"的这一新内涵属于"形而下"的"器"的层次，如此就规避了对传统"理"和"法"的挑战，适应于其时"中体西用"的智识环境。王韬曾多次论及"道器观"的主张，包括"形而上者中国也，以道胜；形而下者西人也，以器胜""器则取诸西国，道则备自当躬""道不能即通，则先假器以通之"等，③ 主张通过先在"器"的层面上学习西方，这种"中体西用"式的主张也可被理解为减少新思想阻力的一种策略。④

小　结

本章从传教士科学译介中的归纳元素与归纳逻辑经典著作《新工具》的系统传入两个部分，讨论了新教精神与传教动机影响下的归纳逻辑译介。可以看出，正如丁韪良提出的著名主张"科学为矢、宗教为的"（Science might wing the arrow, but religion should its point.）⑤，新教精神与

---

① （清）沈寿康：《格致新机序》，载［英］慕维廉《格致新机》，光绪十四年同文书会印。
② （清）王韬：《瓮牖余谈》，光绪元年申报馆印，卷二第 10b 页。《英人倍根》全文参见附录 4。
③ （清）王韬：《弢园文录外编》，上海书店出版社 2002 年版，第 265—266、2 页。
④ 丁伟志、陈崧：《中西体用之间——晚清中西文化观述论》，中国社会科学出版社 1995 年版，第 160—161 页。
⑤ M. A. P. Martin, "Western Science as Auxiliary to the Spread of the Gospel", *The Chinese Recorder and Missionary Journal*, Vol. 28, No. 3, March 1897, p. 116.

自然科学的契合对归纳科学和归纳逻辑译介起到了推动作用。当然，这种相关性并不是强因果关系，但对于理解归纳逻辑译介的社会语境仍然是值得注意的。

　　随着归纳科学译介规模的扩大，直接论及归纳逻辑的经典著作《新工具》也被介绍到中国。慕维廉和沈毓桂为《新工具》描绘的形象经历了"格致新理""格致新法""格致新机"的转变，这三种形态的交替并不仅仅是名称上的改变，由此可以看到文化碰撞中译者与读者对《新工具》的理解。在中国读者使用传统观念来消化外来思想的背景下，译者为了更好地推介《新工具》而尝试了多种策略。其中，将其融入中国传统学说的尝试固然可以推动新思想的传播，但也会导致读者按其本土含义而形成区别于原义的理解。从"理""法"到"机"，《新工具》形象的功用性不断增强，这有助于被更多寻求富强的读者注意和接受，但也容易导致对认识论和方法论问题的轻视。因此，这三个版本都只译介了《新工具》的"破坏部分"，没有对如何进行归纳推理进行说明；与之相应，这一时期的中国文人更为关注具体科学原理及在此指导下的具体方法，也较少讨论科学知识的生产过程。

第三章

新式教科书与归纳逻辑译介

晚清中国变革的表现之一,是洋务学堂、教会学校等新式教育机构的兴起。1867 年,先前单纯培养翻译人才的同文馆增设天文算学馆、开设科学课程;同文馆总教习丁韪良 1882 年在考察欧美教育后写出《西学考略》,其中介绍了培根《新工具》之于西方学术与国家富强的重要性。[①] 1877 年,在华新教传教士第一次大会在上海召开,会上决定成立益智书会以推动教科书编撰和术语统一。此后出现了"西学启蒙十六种""格致须知"等成体系的教科书,为归纳逻辑的规则及其使用提供了一幅更为完整的图景。

第一节 "即物察理之辨论":"西学启蒙十六种"中的归纳逻辑

前文中的归纳逻辑译介,或是如《谈天》《重学》等科学译介中对归纳方法的应用,或是如《格致新理》《格致新法》《格致新机》那样对归

---

① 丁韪良原文为:"时至明末,英国大司寇培根者公余之暇著《格致实义》一书,伊虽非专于算学,亦未审验动植之品,调燮五行之质,然亘古以来各国最有功于格致之学者无能逾之。盖深悉学问之道,苟不究夫物理之本而仅求诸文字之末,则所学虚薄无凭,欲广知识,若非探索物理何能得其确据?……《大学》云'致知在格物',即此意也,惜圣门于格致之理竟尔失传,而培根所论悉宣底蕴,昔诸国之士虽偶有致力于格致者,自培根之书出其学始兴焉。……其初不过讨论其理,未尝计及其用,迨后世得气机、电机之力与夫化学之功,始知富强之术即寓其中,不但学者视为要务,即诸国亦以为学院课程之大宗,盖知贫弱之国由之可以至于富强,而富强之国亦可由之而富强倍蓰焉。"参见〔美〕丁韪良《西学考略:附二种(职方外纪 坤舆图说)》,赖某深校点,岳麓书社 2016 年版,第 59 页。

纳逻辑重要性和必要性的论证。至于对归纳逻辑具体规则的完整介绍，则要到 1886 年由总税务司署引进的《辨学启蒙》才得以实现。《辨学启蒙》的底本，即本书第一章中介绍过的耶方斯《逻辑学》，与该书同属"科学启蒙"教科书系列的《物理学》《化学》《天文学》等分册和"历史启蒙"（History Primers）系列也一道被引入（参见附录 1），使译者艾约瑟成为"为数不多试图展示西方文明图景的传教士之一"①。这套之后被称作"西学启蒙十六种"的教科书，可作为考察其时科学译介包含的归纳逻辑信念、预设、范例的一个代表性样本。

一 译介情况

在艾约瑟编译出"西学启蒙十六种"之前，"科学启蒙"的首次引入是 1879—1880 年江南制造局以《物理学》《化学》《天文学》《自然地理学》四册为底本译出的《格致启蒙》，由林乐知口译、郑昌棪笔述。1886 年，江南制造局还译出了赫胥黎撰写的《导论》分册，译者为罗亨利（Henry Brougham Loch）和瞿昂来，名为《格致小引》。此后，《逻辑学》分册又出现了另一译本《名学浅说》，由严复于 1909 年译出。

"西学启蒙十六种"的译介源于总税务司赫德（Robert Hart）的推动。赫德 1854 年自英国来华，1863 年接任海关总税务司后多次声称要为中国翻译科学教科书。如 1864 年，赫德已试图引进整套"钱伯斯教育丛书"（Chambers' Educational Series），并希望能够引导清政府将这套书和政治经济学、国际法、法理学的书籍一道作为科举考生的必读书目。② 1880 年 12 月 10 日，赫德写信给在英国的助手和友人金登干（James Duncan

---

① Joachim Kurtz, "Coming to Terms with Logic: The Naturalization of an Occidental Notion in China", in Michael Lackner, Iwo Amelung and Joachim Kurtz, eds., *New Terms for New Ideas: Western Knowledge and Lexical Change in Late Imperial China*, Leiden: Brill, 2001, p. 159.

② Richard Joseph Smith, John King Fairbank and Katherine Frost Bruner, eds., *Robert Hart and China's Early Modernization: His Journals, 1863–1866*, Cambridge (Mass.): Harvard University Press, 1991, pp. 153–154.《格致汇编》1876 年连载的《格致略论》是对"钱伯斯教育丛书"《科学入门》的译介，傅兰雅 1885 年译出的《佐治刍言》则译自该丛书的《政治经济学》。

Campbell），请金登干将麦克米伦出版公司的全套"科学启蒙"和"历史启蒙"中的历史、地理学书籍邮寄给他，费用由总税务司署承担。① 在此时的英国，基督教知识促进会与"科学启蒙"系列同步推出了"基础科学手册"（Manual of Elementary Science）并与前者形成了竞争关系。② 而"科学启蒙"的作者群体包含赫胥黎、胡克这些进化论代表人物，赫德的选择从侧面表明"西学启蒙十六种"的翻译缘起中没有明显的宗教原因。

金登干在1881年2月4日给赫德的回信中说，这套书已从伦敦寄出。③ 艾约瑟收到赫德交付的书后，用五年的时间译出。④ 在此之前的1880年，艾约瑟已辞去伦敦会的工作，并被赫德聘任为总税务司的翻译。1886年，这套教材由总税务司署印出。除了艾约瑟所作的序《西学略述》单独成册，其余译本中有4种出自"历史启蒙"：《地志启蒙》《希腊志略》《罗马志略》《欧洲史略》，有10种出自"科学启蒙"：《格致总学启蒙》《化学启蒙》《格致质学启蒙》《地理质学启蒙》《地学启蒙》《身理启蒙》《天文学启蒙》《植物学启蒙》《辨学启蒙》《富国养民策》，独缺《动物学启蒙》。尽管"科学启蒙"丛书所附的书目中一直有"待续"的字样，丛书主编赫胥黎也曾经提出过增加数学和动物学分册，⑤ 但直到1885年也未见有动物学分册出版。就目前所获资料来看，《动物学启蒙》的内容可能出自法国博物学家爱德华兹（Henri Milne-Edwards）的《动物

---

① Xiafei Chen and Rongfang Han, eds., *Archives of China's Imperial Maritime Customs*: *Confidential Correspondence between Robert Hart and James Duncan Campbell, 1874 – 1907, Vol.1*, Beijing: Foreign Languages Press, 1990, p. 584.
② Bernard Lightman, *Victorian Popularizers of Science*: *Designing Nature for New Audiences*, Chicago: The University of Chicago Press, 2009, p. 390.
③ Xiafei Chen and Rongfang Han, eds., *Archives of China's Imperial Maritime Customs*: *Confidential Correspondence between Robert Hart and James Duncan Campbell, 1874 – 1907, Vol.1*, Beijing: Foreign Languages Press, 1990, p. 602.
④ ［英］艾约瑟：《西学略述》，光绪丙戌年总税务司署印，"叙"a。
⑤ Bernard Lightman, *Victorian Popularizers of Science*: *Designing Nature for New Audiences*, Chicago: The University of Chicago Press, 2009, pp. 392 – 393.

学手册》（A Manual of Zoology）。① 可以推测，《动物学启蒙》的出现应是金登干、赫德或艾约瑟尝试对丛书知识体系进行了补充，以使这一套译本能够更完整地展示西学知识系统。

"西学启蒙十六种"在一定程度上得到正统和精英层面的接纳。整套书有李鸿章、曾纪泽作序，得到二人"其理浅而显，其意曲而畅，穷源溯委，各明其所由来，无不阐之理，真启蒙善本"② 以及"今阅此十六种，探骊得珠，剖璞成玉，选择之当，实获我心。虽曰发蒙之书，浅近易知，究其所谓深远者，第于精致奥妙，益加详尽焉耳，实未出此书所纪范围之外，举浅近而深远寓焉"③ 的赞誉。赫德在1888年9月2日给金登干的信中说："由我出版、艾约瑟翻译的'科学启蒙'明天送去给中国皇帝阅读，目前这里进行的举人考试已有算学考卷，由同文馆批分。所以，一个新局面正在真正出现，二十年的工作没有白做！"9月9日，赫德又在信中说："鉴于同文馆要对举人的算学考卷评分，又鉴于中国皇帝已开始主动地阅读'科学启蒙'的中译本，我相信，我们已接近到新时代的开端。"对此，金登干回信认为，"中国皇帝会对'科学启蒙'感兴趣的"。④ 可以看出，"西学启蒙十六种"在光绪帝那里的待遇，已与前文所述南怀仁《穷理学》送呈康熙帝后未得刊刻的结局完全不同。

---

① 该书英译本为：Henri Milne-Edwards, *A Manual of Zoology*, Robert Knox trans., London: Henri Renshaw, 1856。但益智书会仍然将《动物学启蒙》列为"科学入门"中的一册，参见 Educational Association of China, *Descriptive Catalogue and Price List of The Books, Wall Charts, Maps, et.*, Shanghai: American Presbyterian Mission Press, 1894, p. 20。

② （清）李鸿章：《序》，载［英］艾约瑟《西学略述》，光绪丙戌年总税务司署印，李"序"第2a页。

③ （清）曾纪泽：《序》，载［英］艾约瑟《西学略述》，光绪丙戌年总税务司署印，曾"序"第2b—3a页。

④ Xiafei Chen and Rongfang Han, eds., *Archives of China's Imperial Maritime Customs: Confidential Correspondence between Robert Hart and James Duncan Campbell, 1874–1907, Vol. 2*, Beijing: Foreign Languages Press, 1990, pp. 564–566, 573. 译文参考了陈霞飞主编《中国海关密档——赫德、金登干函电汇编（1874—1907）》第四卷（1885—1888），中华书局1990年版，第788、791、804页。1888年戊子科乡试设算学科取士，但仅录取一名举人，此后的算学科则均因考生不足额而并入顺天乡试。

第三章 新式教科书与归纳逻辑译介

在艾尔曼看来,赫德将"西学启蒙十六种"作为同文馆等官办学堂的科学教科书。[①] 关于此,虽未见明确记载,但考虑到赫德对于同文馆的影响力,[②] 亦属正常。更为重要的是,"西学启蒙十六种"的影响远远超出了同文馆学生的范围。《万国公报》1889年转载了艾约瑟在《西学略述》中对整套书的介绍,并称赞这套书"精粗兼贯,本末毕该,一时公卿互相引重,盖西法南针于是乎在,真初学不可不读之书"。[③] 在格致书院1889年以"泰西格致之学与近刻翻译诸书,详略得失,何者为最要论"为考题的三篇超等课艺中,孙维新认为,当时的图书多为"每部专论一门之学",而对于"错综各学,总汇诸家,而合刻以成一集者",就只有合信《博物新编》、丁韪良《格物入门》、林乐知《格致启蒙》、傅兰雅《格致须知》和艾约瑟《西学启蒙》,且称"欲略通格致诸学,应以《格物入门》《格致须知》《西学启蒙》为要"。在孙维新此处罗列的综合性科学译介中,《博物新编》共3卷,主要涉及物理学、天文学、动物学;《格物入门》共7种,主要内容为物理学和化学;《格致须知》截至1888年出版的13种以数学和地理学为主;《格致启蒙》只翻译了"科学启蒙"丛书的《物理学》《化学》《天文学》和《自然地理学》四册。相比较而言,"西学启蒙十六种"的学科门类最为全面。与之同时,孙维新还专门指出了这套书"原稿乃泰西新出学塾适用之书,今译华文,可为初学格致之用"的优势。[④] 另外,钟天纬在格致书院课艺中不仅提及"近日赫总税务司亦翻译初学之书",其对理学的分类也出自《西学略述》"考理学初创自希腊,分有三类:一曰格致理学,乃明征天地

[①] Benjamin A. Elman, *On Their Own Terms: Science in China, 1550 – 1900*, Cambridge (Mass.): Harvard University Press, 2005, p. 323.

[②] 如丁韪良在《同文馆记》开篇就强调了赫德对同文馆的贡献,参见[美]丁韪良《同文馆记(节录)》,载高时良、黄仁贤编《洋务运动时期教育》,上海教育出版社2007年版,第149页。苏精更是详细指出,从赫德多年致金登干的信函中可知,"凡经费的支应稽核、洋教习的任免迁调、采购教材设备等……特别是洋教习(包括总教习在内)的管理,赫德握有绝对的权力",参见苏精《清季同文馆及其师生》,福建教育出版社2018年版,第22页。

[③] [英]艾约瑟:《西学略述自识》,《万国公报》1889年第5期。

[④] (清)孙维新:《己丑春季超等第一名》,载上海图书馆编《格致书院课艺》2,上海科学技术文献出版社2016年影印本,第90—92页。

万物形质之理；一曰性理学，乃明征人一身备有伦常之理；一曰论辨理学，乃明征人以言别是非之理"的介绍。① 到 1890 年，"西学启蒙十六种"已入藏辽宁铁岭银冈书院，② 并可在上海格致书室以洋七元的价格购得。③ 与之同时，这套书还获得了傅兰雅主持下益智书会的选用，④ 以及《格致汇编》的详细介绍。⑤

对"西学启蒙十六种"的进一步反响出现于甲午中日战争之后，此次战败对思想界的刺激和科举改制中国引发了对新书的需求与供应。⑥ 由米列娜（Milena Doleželová-Velingerová）和瓦格纳（Rudolf G. Wagner）对晚清时期百科全书的统计可以看出，在甲午中日战争前的 1870—1894 年，平均每年仅有 1 部百科全书出现或重印，最多的一年也只有 3 部，但 1895—1898 年则分别有 5、6、22、18 部。⑦ 也是在这期间，"西学启蒙十六种"有了 1896 年上海著易堂书局、1897 年武昌质学会、1898 年上海

---

① （清）钟天纬：《己丑北洋特课春季超等第四名》，载上海图书馆编《格致书院课艺》2，上海科学技术文献出版社 2016 年影印本，第 59 页；[英] 艾约瑟：《西学略述》，光绪丙戌年总税务司署印，第 43a 页。钟天纬在格致书院课艺中的表述为："考西国理学，初创自希腊，分为三类：一曰格致理学，乃明征天地万物形质之理；一曰性理学，乃明征人一身备有伦常之理；一曰论辩理学，乃明征人以言别是非之理。"

② （清）陈士芸：《银冈书院捐添经费建修斋房记》，载李奉佐主编《银冈书院》，春风文艺出版社 1996 年版，第 193 页。

③ 《格致书室书图价目》，《格致汇编》1890 年第 4 期。

④ "Report of the School and Text Book Series Committee", in *Records of the General Conference of the Protestant Missionaries of China*, Shanghai: American Presbyterian Mission Press, 1890, pp. 715 - 717; Educational Association of China, *Descriptive Catalogue and Price List of The Books, Wall Charts, Maps, et.*, Shanghai: American Presbyterian Mission Press, 1894. 1877 年和 1890 年召开的前两次在华新教传教士大会分别成立了英文名为 School and Text Book Series Committee 和 Educational Association of China 的"益智书会"，关于二者的关联与区别及其后续发展，参见王树槐《基督教教育会及其出版事业》，《"中央研究院"近代史研究所集刊》1971 年第 2 期。

⑤ 《披阅西学启蒙十六种说》，《格致汇编》1891 年第 2 期。

⑥ 曹南屏：《新书、新学与新党：清末读书人群体身份认同的趋向与印刷文化的转向》，《复旦学报》（社会科学版）2018 年第 4 期。

⑦ Milena Doleželová-Velingerová and Rudolf G. Wagner, "Chinese Encyclopaedias of New Global Knowledge (1870 - 1930): Changing Ways of Thought", in Milena Doleželová-Velingerová and Rudolf G. Wagner, eds., *Chinese Encyclopaedias of New Global Knowledge (1870 - 1930): Changing Ways of Thought*, Berlin: Springer, 2013, pp. 11, 16.

第三章　新式教科书与归纳逻辑译介　　81

盈记书庄和上海图书集成印书局等多次重印，著易堂书局重印的动机便在于"惜其书之不多见世，翻印而广其传"①。"西学启蒙十六种"尤其是《辨学启蒙》还出现在《西学书目表》（1896）、《西学书目问答》（1901）、《增版东西学书录》（1902）等书目中。其中，梁启超《西学书目表》认为这套书虽"译笔甚劣，繁芜佶屈，几不可读"，但仍然"不可不读"，因为原本大多是"特佳之书"。② 蔡元培1898年于绍兴墨润堂购得全套书，③ 并在1901年为东湖书院"略如日本高等小学"的二级学堂代拟章程时将这套书关于生理学、地质学、动植物学、化学的分册作为课本。④ 在孙中山曾挂牌行医和康有为经常光顾的广州新学书店圣教书楼，店中"凡属上海广学会出版之西籍译本如林乐知、李提摩太所译泰西新史揽要，西学启蒙十六种，万国公报之类，皆尽量寄售"。⑤ 具体到《辨学启蒙》，《增版东西学书录》称该书"所列条理仅举大略，足以窥见辨学之门径，亟宜考究其理由，浅入深详，列回答以成一书，借为课蒙之用"，⑥ 严复也对该书做出了"学者参阅可也"的评价。⑦

二　作为辨析论说之学的逻辑学

在翻译《辨学启蒙》之前，艾约瑟在逻辑学译介方面已有一定积累，他不仅在1875年的《中西闻见录》上发表了《亚里斯多得里传》一文，⑧ 并且也是益智书会总干事韦廉臣1878年所列教科书中逻辑学教科

---

① 张元方：《序》，载［英］艾约瑟《西学略述》，光绪丙申年上海著易堂书局发兑。
② 梁启超：《读西学书法》，载夏晓虹辑《〈饮冰室合集〉集外文》，北京大学出版社2005年版，第1167页。
③ 中国蔡元培研究会编：《蔡元培全集》第十五卷，浙江教育出版社1998年版，第192页。
④ 高平叔撰著：《蔡元培年谱长编》第一卷，人民教育出版社1999年版，第210页。
⑤ 冯自由：《冯自由回忆录：革命逸史》，东方出版社2011年版，第17页。
⑥ （清）徐维则辑，（清）顾燮光补辑：《增版东西学书录》，载（清）王韬、（清）顾燮光等编《近代译书目》，国家图书馆出版社2003年影印版，第259页。
⑦ ［英］穆勒：《穆勒名学》，严复译，商务印书馆1981年版，第160页。
⑧ ［英］艾约瑟：《亚里斯多得里传》，《中西闻见录》1875年第32期。该文另被《万国公报》1875年第338期转载。

书的负责人。① 王扬宗曾在分析《格致总学启蒙》译文时认为，不同于传统的和中国文人合作翻译的方式，艾约瑟的翻译是独立完成的。在翻译过程中，"艾约瑟唯恐读者难以理解原书内容，往往就原文加以解释和说明"。这也难以避免地被认为，艾约瑟对于不少术语都"没有找到简明而适当的译法"。② 艾约瑟在《辨学启蒙》中的术语翻译也是如此。对于 induction、inductive reasoning、inductive inference 和 inductive logic 等与"归纳"相关的术语，与同为《逻辑学》译本的严复《名学浅说》相对统一地译为"内籀"不同，《辨学启蒙》并没有确立一个固定的译名，而是在不同语境下多样化地表述为"即物察理之辨论""即物察理之辨法""即物察理之辨学"等（见表3.1）。与之类似，艾约瑟还以"凭理度物""凭理推阐诸事""即理推事物"等译名来翻译 deduction，以"三语句次第连成之论断语""论断语""用首出次出之语句，推阐出断定语之法""次第连合成之三语句""依次连合成之三语句"翻译 syllogism，等等。

表 3.1　《辨学启蒙》《名学浅说》中"归纳"相关术语译法对照

原词	章/节	艾约瑟译名	严复译名
induction	2/8	即事物察理之法	内籀之术
induction	2/8	藉事物察理之诸事	
induction	15/112	凭事察理之法	内籀
induction	24/166	即物察理之辨论式	内籀
inductive inference	15/108	即物察理	内籀之术
inductive reasoning	2/7	即物察理之辨法	内籀之术
inductive reasoning	2/8	即事物察理之理	内籀术
inductive reasoning	2/9	即事物察理	内籀
inductive reasoning	15/标题	藉物察理之辨论	内籀术

---

① A. Williamson, "Correspondence: The Text Book Series", *The Chinese Recorder and Missionary Journal*, Vol. 9, No. 4, July – August 1878, pp. 307 – 310.

② 王扬宗：《赫胥黎〈科学导论〉的两个中译本——兼谈清末科学译著的准确性》，《中国科技史料》2000年第3期。

第三章　新式教科书与归纳逻辑译介　　83

续表

原词	章/节	艾约瑟译名	严复译名
inductive reasoning	15 / 118	辨学中即物察理	内籀之术
inductive reasoning	16 / 标题	凭事察理之辨论	内籀术
inductive reasoning	22 / 151	即物察理之辨论	内籀术
inductive reasoning	22 / 151	即物察理之辨论	内籀
inductive reasoning	23 / 156	即物察理之辨论法	内籀
inductive reasoning	24 / 168	即事察理之辨论法	内籀术
inductive reasoning	27 / 标题	即事察理	内籀
inductive logic	15 / 111	即物察理学	内籀
inductive logic	15 / 111	凭事物察理法	内籀术
inductive logic	15 / 111	凭物察理法、即物察理之法、即物察理法	
inductive logic	15 / 112	即物察理之辨学	内籀名学
inductive logic	27 / 199	即物察理法	内籀之术

可以看出，艾约瑟的逻辑学术语翻译有两个相互关联的特点：一是描述性，二是多样性，其更注重易于被读者理解，而并未试图建立一套简明而统一的术语体系。① 即使是对于 logic 一词，尽管艾约瑟主要使用了"辨学"这一译名，但也出现了多个版本。其在为《辨学启蒙》所作的序中介绍到，亚里士多德的著作中既包括"劝人议事之舌辨学"，又包括"分别妥否之论辨学"，而《辨学启蒙》中的"辨学"指后者且由亚里士多德首创。② 与此对应，艾约瑟在《西学略述》中也区分了"以唇舌胜人"的"口辨学"（即修辞学）和亚里士多德创立的"理辨学"（即

---

① 但艾约瑟的这种术语翻译的风格并未得到同行认可。如傅兰雅认为，术语要优先使用单字，即使需要创造一个描述性的术语也要尽可能少地用字；颜永京更是表示，用多个汉字来描述就变成了给术语下定义。参见 John Fryer, "Scientific Terminology: Present Discrepancies and Means of Securing Uniformity", in *Records of the General Conference of the Protestant Missionaries of China*, Shanghai: American Presbyterian Mission Press, 1890, pp. 536, 549。

② ［英］艾约瑟：《辨学启蒙序》，载［英］哲分斯《辨学启蒙》，［英］艾约瑟译，光绪丙戌年总税务司署印，"序"a。该序言全文见附录3。

逻辑学），将前者归于文学，将后者称为"论辨理学"而归于理学。①

显然，尽管艾约瑟曾明确将"辨"译作 distinguish，②但他并未对"辨"与"辩"进行绝对的区分。这种混用在晚清时期也并非个例。马礼逊、卫三畏、翟理斯（Herbert Allen Giles）在不同时期编纂的汉英词典作为 19 世纪汉英词典史最重要三个阶段的代表及最重要的一支谱系，③清晰地呈现了"辨"与"辩"英文释义的衍化（见表 3.2）。可以看出，"辨"和"辩"的区分经过《汉英韵府》的过渡后才在《华英字典》中得以确立。由于《辨学启蒙》的翻译处于这一变化调整期，因而对艾约瑟"辨学"之义的考察仍需回到文本中。

表 3.2 马礼逊、卫三畏、翟理斯三人汉英词典中"辨"和"辩"的释义辨析

释义 \ 词典	马礼逊《五车韵府》《字典》（1815—1823）④ 辨	马礼逊《五车韵府》《字典》（1815—1823）④ 辩	卫三畏《汉英韵府》（1874）⑤ 辨	卫三畏《汉英韵府》（1874）⑤ 辩	翟理斯《华英字典》（1892）⑥ 辨	翟理斯《华英字典》（1892）⑥ 辩
divide/distinguish/discriminate	√	√	√		√	
dispute/discuss		√	√	√		√

注："√"表示该词典对该字有此英文释义。

---

① [英]艾约瑟：《西学略述》，光绪丙戌年总税务司署印，第 33b、43a 页。孙宝瑄也在读《西学略述》时将"口辩学"理解为"不惟见理之明，而又能以唇舌达其意，盖为议事及争讼设也"，参见中华书局编辑部编，童杨校订《孙宝瑄日记》，中华书局 2015 年版，第 181 页。

② Joseph Edkins, *Introduction to the Study of the Chinese Characters*, London: Trübner & Company, 1876, p. 129.

③ 杨慧玲：《19 世纪汉英词典传统：马礼逊、卫三畏、翟理斯汉英词典的谱系研究》，商务印书馆 2012 年版，第 22、298 页。

④ Robert Morrison, 五车韵府 *A Dictionary of the Chinese Language*, in Three Parts: Part II, Vol. I, Macao: The Honorable East India Company Press, 1819, p. 659; Robert Morrison, 字典 *A Dictionary of the Chinese Language*, in Three Parts: Part I, Vol. III, Macao: The Honorable East India Company Press, 1823, pp. 499–500.

⑤ Samuel Wells Williams, *A Syllabic Dictionary of the Chinese Language*, Shanghai: American Presbyterian Mission Press, 1874, p. 688.

⑥ Herbert Allen Giles, *A Chinese-English Dictionary*, Shanghai: Kelly & Walsh, limited, 1892, p. 905.

第三章　新式教科书与归纳逻辑译介　　　　　　　　　85

耶方斯在《逻辑学》中提出，逻辑学是 reasoning 的科学。艾约瑟在此将这一观点转述为"辨学之谓，要即辨明辨论者善与不善之谓也"，把 reasoning 译为"辨论"。① 而如前所述，艾约瑟在《西学略述》中还将 logic 译为"论辨理学"。可见，艾约瑟的"辨学"之"辨"为"辨论"或"论辨"。在古代汉语中，"论辨"既有辩驳争论之意，又可表示辨析论说。② 从"辨论"的内涵看，艾约瑟在《西学略述》中就提出，论辨理学讨论的是"别是非之理"③；在《辨学启蒙》中更是将 logician 译为"有辨别是非之心思智虑""遵依辨学分辨事理"等，将 reason 译为"辨论""论辨""辨分""分辨"等，可知此处的"辨论"之"辨"应为"分辨"。再从"辨论"的外延看，《辨学启蒙》和《格致总学启蒙》中都介绍了两种"辨论"：对应于演绎推理的"凭理度物之分辨"和对应于归纳推理的"即物察理之辨论"。这进一步表明，艾约瑟所用的"辨论"应为辨析论说之意，"辨学"为辨析论说之学。

三　"即物察理之辨论"的认识论特征

在《辨学启蒙》中，艾约瑟对归纳逻辑和归纳推理的界定是：

> 设问何为即物察理之辨学所求者，可如是答之：即于所搜取之实物实事中，体察出其内藏之理时，以何辨论法得当也。是即所谓凭事察理之法，且是法即伊古来格致诸大家，藉陈事，推出新理者。④

除了《辨学启蒙》，"西学启蒙十六种"的其他分册中也自觉运用甚

---

① William Stanley Jevons, *Logic*, London: Macmillan and CO., 1876, p. 8；[英] 哲分斯：《辨学启蒙》，[英] 艾约瑟译，光绪丙戌年总税务司署印，第 3a 页。
② 晋荣东：《逻辑的名辩化及其成绩与问题》，《哲学分析》2011 年第 6 期。
③ [英] 艾约瑟：《西学略述》，光绪丙戌年总税务司署印，第 43a 页。
④ [英] 哲分斯：《辨学启蒙》，[英] 艾约瑟译，光绪丙戌年总税务司署印，第 79b 页。

至论及了归纳逻辑。《自然地理学》分册介绍地球是球状时,引导读者对比身处平地和高处的视线范围、注意靠岸船只逐渐出现在海面和离岸船只逐渐消失在海面的现象,并将这些经验观察加以累积,从而得知我们生活之处实际上是球状。这个过程就是作者盖基认为的"造就科学的观察和归纳",即艾约瑟在《地理质学启蒙》中对应译出的"格致家藉实事求理之学",[①]"藉实事求理"由此也成为艾约瑟在《辨学启蒙》之外对"归纳"的又一个翻译版本。这一系列为"归纳"提供的译名以"即物察理"为代表,其中的"即"可以替换为"凭""藉","物"可替换为"事""实事","察"也可以是"推""求"。

和慕维廉、沈毓桂所用的"格致新理"类似,"即物察理"借用了朱熹"所谓致知在格物者,言欲致吾之知,在即物而穷其理也"的表述来介绍归纳逻辑;不同的是,艾约瑟的"理"并没有像前者那样试图兼顾原理和理性的双重内涵,而只是意指前者,更容易被中国读者理解。如根据艾约瑟对归纳逻辑发展过程的介绍,罗吉尔·培根"创于检察事物法,以明事物理";自伽利略(Galileo Galilei)的铁球实验后,"泰西各国格致家,所得知多端极要之新理,俱由此新法中生来也";而弗朗西斯·培根的学说还未能发展成熟,"不能以己书中所著之法体察出新理"。[②] 尽管如此,由于"即物察理"比先前的"格致新理"涉及更为详细的逻辑规则,其与经典的"即物穷理"概念之间就呈现出更多的认识论差异。

按照艾约瑟在《辨学启蒙》中的转述,"即物察理"共分四步:"预为究察实事",即通过观察和实验获得事实;"创成悬拟之说",即提出假设;"凭理推阐诸事",即对所提出的假设加以演绎,获知其必然结果;"征验所

---

① Archibald Geikie, *Physical Geography*, London: Macmillan and CO., 1873, pp. 7, 10 – 11; [英]盖基:《地理质学启蒙》,[英]艾约瑟译,光绪丙戌年总税务司署印,第8b 页。
② [英]哲分斯:《辨学启蒙》,[英]艾约瑟译,光绪丙戌年总税务司署印,第77b—79a 页。

第三章　新式教科书与归纳逻辑译介　　　　　　　　　　87

推诸理",将演绎的结果和第一步所获得的经验材料进行比较,或者另寻经验材料加以比照。① 显然,"即物察理之辨论"的首要认识论特征便是,将客观的"物"作为认识活动得以可能的逻辑前提。赫胥黎在《导论》中指出,"借助感官进行知觉的对象叫做'物'或'客体'",艾约瑟对此的翻译准确地捕捉到其主客二分的特征,将赫胥黎的观点译为"物在人身外为物,物明于心内为觉",并指出"身外之物乃余等心内知觉之原因"。② 与之不同,理学"即物穷理"中的"物"侧重人事,"即物"是"入乎物中、与物为一体",③ 恰是要克服前者的心物二分和经验主义倾向。

其次,明确将观察和实验作为认识活动中"即"物的方法。艾约瑟在《化学启蒙》中承袭了底本对观察和实验的区分,如"余等身外之事,或由测量而知,或由试验而知。有此二法,即可令我侪明晓所有之如许事"中的"测量"和"试验"就分别对应 observation 和 experiment。④ 他在《辨学启蒙》中进一步阐明,由于天文、地质现象是我们无法控制的,因此"惟有勤加访询,以耳闻目视之若等检察而已",也就是观察;而化学等学科中的"于其物中加以阻挠节制之举动,亦以余等赖是举动以观其物有何转变耳"则为"验试",即实验。也正因为此,实验相比观察具有"真情形益能详细确知"和"能令余等可遇新奇物,并寻得其各等性情"的优势。⑤

需要指出的是,"西学启蒙十六种"对观察和实验的区分并不是绝对的。如对于赫胥黎认为科学是"从观察、实验和推理中获得的关于自然规律的知识"的观点,艾约瑟将其译为"格致之学即由各种测试、辨论得知

---

① [英]哲分斯:《辨学启蒙》,[英]艾约瑟译,光绪丙戌年总税务司署印,第 79b—81b 页。
② Huxley, *Introductory*, London: Macmillan and CO., 1880, p. 5;[英]赫胥黎:《格致总学启蒙》,[英]艾约瑟译,光绪丙戌年总税务司署印,第 1b—2a 页。
③ 刘旭光:《论"即物穷理"之"即"》,《江海学刊》2007 年第 4 期。
④ Henry Enfield Roscoe, *Chemistry*, London: Macmillan and CO., 1872, p. 9;[英]罗斯科:《化学启蒙》,[英]艾约瑟译,光绪丙戌年总税务司署印,第 1a 页。
⑤ [英]哲分斯:《辨学启蒙》,[英]艾约瑟译,光绪丙戌年总税务司署印,第 92a—94b 页。

绳束万物之条理",① 将"测量"(观察)和"试验"(实验)合称为"测试"。再如,艾约瑟还将《物理学》分册译本《格致质学启蒙》中的 experiment 和《天文启蒙》中的 observation 都较为统一地译为"测验"。这其中虽有艾约瑟翻译准确度的影响,但也在一定程度上契合其时西方科学界对于"被动的观察"和"主动的实验"并不清晰的区分。尽管培根在《新工具》中就区别了观察和实验,但二者的边界在18世纪时又重新模糊,如法国数学家、哲学家达朗贝尔(Jean le Rond d'Alembert)和英国自然哲学家普里斯特利都是如此,尤以后者的《几种气体的实验和观察》(*Experiments and Observations on Different Kinds of Air*) 一书为代表。② 一直到1865年,法国生理学家贝尔纳(Claude Bernard)针对博物学家居维叶(Georges Cuvier)"观察者听取自然的报告;实验者则查考自然,逼迫他自露真像"的主张,依旧认为二者的关系并不是这样容易分辨。③

再次,要在经验感知基础上提出假说,并对假说加以演绎和检验,即"凡察验得确者方谓之知,未尝察验者,不敢谓之知。于得一理时,即援事物究察以证明所言之理不误"④。在此过程中,正如赫胥黎不可知论⑤所主

---

① Huxley, *Introductory*, London: Macmillan and CO., 1880, p. 16;[英]赫胥黎:《格致总学启蒙》,[英]艾约瑟译,光绪丙戌年总税务司署印,第13b页。
② Lorraine Daston, "The Empire of Observation, 1600 – 1800", in Lorraine Daston and Elizabeth Lunbeck, eds., *Histories of Scientific Observation*, Chicago: The University of Chicago Press, 2011, pp. 82 – 87.
③ [法]贝尔纳:《实验医学研究导论》,夏康农、管光东译,商务印书馆1996年版,第8—28页。
④ [英]哲分斯:《辨学启蒙》,[英]艾约瑟译,光绪丙戌年总税务司署印,第78a页。
⑤ "不可知论"由赫胥黎于1869年提出。根据不可知论的主张,有效的知识只能通过科学或经验研究获取。不可知论反对有神论,但却和无神论不同。不可知论认为"人类不能获取关于上帝的特定知识",但关于上帝存在与否的进一步问题则超越了认识论的范畴。因此,宗教和文学艺术一样属于感觉范畴,而科学属于智识范畴,二者并不冲突。但是,神学和科学一样属于智识和理性范畴,这两者之间存在冲突,神学需要服从科学的权威。尽管如此,科学和神学又不是必然冲突的,赫胥黎等人主张一种新的自然神学,在保留自然神学强调自然秩序的传统的前提下,将其与科学予以综合,其核心在于"科学通过对物质世界进行经验研究而对自然秩序进行解密的能力",照此设计的科学包括如下必要元素:自然齐一性的理念、因果概念和外在的自然世界观念。参见 Bernard Lightman, *The Origins of Agnosticism: Victorian Unbelief and the Limits of Knowledge*, Baltimore: The Johns Hopkins University Press, 1987, pp. 10 – 17, 131, 152 – 164。

张的，知识始终是可错的、需要接受检验的假设。无论艾约瑟是否有意如此，其"即物察理"概念中的"察"（以及作为替代的"推""求"）相较于朱熹"即物穷理"中的"穷"，对知识的绝对真理性显得更为谨慎。这一中西认识论的差异也体现在文化碰撞之初对 hypothesis 的翻译中。艾约瑟对 hypothesis 的译法同样多元，包括"悬拟之说""臆说""从心悬拟出尚未定准其是非之若干理"等。通常认为，由于艾约瑟在中国原有文化中找不到能够对应逻辑学术语的词汇，就只能"凭自己的理解进行创造性翻译";[①] 与之相反，严复译介归纳逻辑之所以被广泛地知晓与认可，除了结合自强保种的时势需求、严复自身的学术威望和社会影响，也是因为其用中国经典范畴对原书进行的改写和阐释。[②] 但对于 hypothesis 一词，严复在《名学浅说》中似乎也没有找到令他满意的翻译，除了使用"臆说""臆想""臆猜""臆理""臆揣"，还用到了音译"希卜梯西"。[③] 由此似可推测，当时的本土思想中缺乏基于经验事实的假设能够存留的空间，知识或为正确的"理"，或为"臆"，以至于归纳逻辑中的假设也被诠释为"臆"。[④]

对假说的检验仍然要以经验为根据。尽管"西学启蒙十六种"的译介在赫德那里并没有明显的宗教动因，但译者艾约瑟对归纳逻辑和归纳科学的态度无疑对译介内容有着重要影响，特别是考虑到其先前的传教士身份。艾尔曼曾例举艾约瑟在《植物学启蒙》《身理启蒙》《化学启蒙》中对底本进行的自然神学式改写，尤其是《植物学启蒙》相比底本《植物学》增加的"造物主"的表述，认为艾约瑟的译本是"后

[①] 熊月之：《西学东渐与晚清社会（修订版）》，中国人民大学出版社 2011 年版，第 383 页。
[②] 冯友兰：《中国哲学简史》，涂又光译，北京大学出版社 2010 年版，第 262—263 页。
[③] ［英］耶方斯：《名学浅说》，严复译，商务印书馆 1981 年版，第 69 页。
[④] 关于此，胡适也曾指出："宋儒讲格物全不注重假设"；"宋儒的格物方法所以没有效果，都因为宋儒既想格物，又想'不役其知'。不役其知就是不用假设，完全用一种被动的态度。那样的用法，决不能有科学的发明。因为不能提出假设的人，严格说来，竟可说是不能使用归纳方法"。参见胡适《清代学者的治学方法》，载欧阳哲生编《胡适文集》（2），北京大学出版社 1998 年版，第 285、296 页。

达尔文主义的自然神学",代表了达尔文革命之后英美对自然科学的大力调和。① 但如表 3.3 所示,如果说艾约瑟确实做了自然神学的改写,也只是将"创造"这一过程从被动改为主动,从而更加强调"造物主"在自然过程中的主观意志。但同样值得注意的是,艾约瑟仍然保留了作者胡克对进化论的经验论证。

表 3.3 《植物学启蒙》"花不同种如何而有"部分译文对照②

英文原文	艾约瑟译文
(1) There are two opinions accepted as accounting for this;	(1) 植物生于地上,其种不同者理有二:
(2) one, that of independent creation, that species were **created** under their present form, singly or in pairs or in numbers;	(2) 一为**造物主**随其本意,起初使植物之各种,得其现有之形式,或于若者使成为孤单,或于若者使之成双作对,或于若者使之同时生聚众多;
(3) the other, that of evolution, that all are the descendants of one or a few originally **created** simpler forms.	(3) 二为**造物主**或先造一种,或造数种精纯原植物,继之以植物分生新植物,代代递传不已,遂歧而为若许异种形式。
(4) The first doctrine is purely speculative, incapable from its very nature of proof; teaching nothing, and suggesting nothing, it is the despair of investigators and inquiring minds.	(4) 凭情论之,其第一层理,**难得确据**,亦只为于植物学无助之空谈;
(5) The other, whether true wholly or in part only, is gaining adherents rapidly, because most of phenomena of plant life may be explained by it; because it has taught much that is indisputably proved; because it has suggested a multitude of prolific inquiries, and because it has directed many investigators to the discovery of new facts in all departments of Botany.	(5) 其第二层理,深足解明植物之各等形式,以是理为本。殚心于植物学者,已查考出前人所未知之若许极要理,亦能为人开出若许查考之路,藉之以收功效,并令人于植物中,得知出于实学若许有益之事,遵是理而察考,得知出有确切之据者……

注:黑体为本书所加。

---

① Benjamin A. Elman, *On Their Own Terms: Science in China, 1550 - 1900*, Cambridge (Mass.): Harvard University Press, 2005, pp. 327 - 330.
② Joseph Hooker, *Botany*, London: Macmillan and CO., 1876, pp. 100 - 101;[英]胡克:《植物学启蒙》,[英]艾约瑟译,光绪丙戌年总税务司署印,第 110b—111a 页。

第三章　新式教科书与归纳逻辑译介

正如前文已论证的，这种自然神学化的译介与对经验和理性的崇尚并不冲突。而当宗教学说与需要介绍的逻辑规则和经验事实出现分歧时，"西学启蒙十六种"的译文仍然更为尊重后者。艾约瑟不仅保留了耶方斯《逻辑学》所援引的日心说等科学史事例，在转述同时期围绕"灾变说"的地质学争论时也没有进行改写。① 根据《辨学启蒙》对这一认识过程的转述：

> 畴昔数百年间，人多理会得透显于山石面者，有似活动物之昆虫与螺蛤等壳迹，并植物迹。第过于离奇，不易解说其与动物植物缘何相似也。虽属偶遇之事，而留心事物者，不能不臆度立为数说，以解明其缘何有若等形迹矣。惟臆断之说，均不相同。盛称于泰西诸国者，即挪亚时洪水将淹毙于内之飞禽走兽等诸动物，并各他物，同螺蛤等，浸淫于水中，浮沉来去。及水涸尽，动植物体遂留遗于平地面，并高山面，历时既久，于石中止见其物之迹耳。……倘物迹实为挪亚时洪水所留遗也，应俱存于山面，或距山面非遥处，顾何以视乎物迹，多在矿窑中，并极厚之石屑中，洪水所不能浸渍到之处也。因知是说不稳妥耳。②

由上可见，在将自然现象归因于"造物主"的前提下，艾约瑟并没有对经验证据进行删改。"西学启蒙十六种"更接近于同自然神学在有限程度上的调和，这样的"即物察理"认识论是其时外来科学及其与传统理学、外来神学等元素密切互动的生动反映。

---

① 针对时常在岩石中发现的动植物化石，一度形成了包括大洪水在内的多种假说。例如，声称"查考自然"的居维叶根据化石在地层中的变化提出，地球上曾发生过四次大洪水，其中最近的一次就是《圣经》记载的诺亚洪水。但正是通过持续的演绎与确证，大洪水的假设已被科学家排除。

② William Stanley Jevons, *Logic*, London: Macmillan and CO., 1876, pp. 80–82；[英]哲分斯：《辨学启蒙》，[英]艾约瑟译，光绪丙戌年总税务司署印，第81b—82b页。

第二节 "充类""引进辨实""希卜梯西"
并存：《心灵学》中的归纳逻辑

归纳逻辑在华的早期传播并不全由西人主导，1889 年由益智书会刊印的《心灵学》首先就因其译者颜永京的华人身份而显得特别。颜永京曾就读于中国国内的教会学堂，16 岁时被老师带到美国，在凯尼恩学院（Kenyon College）毕业后回国。正式担任牧师后，颜永京又协助美国圣公会上海主教施约瑟（Samuel Isaac Joseph Schereschewsky）创办圣约翰书院并担任学监兼数学自然科学教授，[①] 1881 年接任校长，并于 1886 年"成为当时益智书会的唯一华籍会员，可以说他是最早进入教会教育高层的中国人"[②]。《心灵学》虽然是一部心理学著作，但从多个维度与归纳逻辑相关联，并因其心理学学科的视角而显出独特性。

一 译介情况

《心灵学》底本为美国海文（Joseph Haven）出版于 1858 年的《心灵哲学：智识、感觉与意志》（*Mental Philosophy: including the Intellect, Sensibilities, and Will*，以下简称《心灵哲学》），全书如标题所示分为智识、感觉、意志共三个部分。颜永京在译本序言中指出，当时西方已有不少心理学论者，他唯独欣赏海文《心灵哲学》一书的原因是其"议论风生，考据精详"[③]。不过，颜永京只是译出了该书的第一部分。在此之后，益智书会 1894 年的书目称《心灵学》第二部分尚未做好出版的

[①] 《圣约翰大学自编校史稿》，载上海市档案馆编《上海市档案馆馆藏中国近现代档案史料选编》，上海书店出版社 2020 年版，第 645 页。

[②] 柯遵科、李斌：《斯宾塞〈教育论〉在中国的传播与影响》，《中国科技史杂志》2014 年第 2 期。

[③] （清）颜永京：《心灵学序》，载［美］海文《心灵学》，（清）颜永京译，光绪十五年益智书会印，"序"b。该序言全文见附录 3。

第三章　新式教科书与归纳逻辑译介　　　　　　　　　93

准备，① 梁启超1896年的《西学书目表》表示该书"尚有续篇，未印成"，② 迟至1902年的《增版东西学书录》在称赞《心灵学》为"启悟童蒙善本"的同时仍称"是书但译智才一卷，余未之及"。③

根据圣约翰书院创办之初的公告：

> 美国耶稣教传教公会在万航渡新设圣约翰书院，教习英文、中国文艺经书以及西国名院所习各书，即天文书、地理书、地质书、万国纲鉴、万国公法、算学、格致学、化学、辩实学、心学、伦学、圣教明证学、音乐书。延请教读西儒四位，中国在库先生三位，司理衣膳先生一位。④

其中的"辩实学"即逻辑学，但目前尚未见有圣约翰书院开设逻辑学专门课程的记载；"心学"即为颜永京之后所谓的"心才学""心灵学"，⑤ 其自称在圣约翰书院的讲授使"学者似乎得其益处"⑥。与之同时，在孙宝瑄⑦、蔡元培⑧的日记中也可见《心灵学》的阅读记录，孙宝

---

① Educational Association of China, *Descriptive Catalogue and Price List of The Books, Wall Charts, Maps, et.*, Shanghai: American Presbyterian Mission Press, 1894, p. 26.
② 梁启超：《西学书目表》，载夏晓虹辑《〈饮冰室合集〉集外文》，北京大学出版社2005年版，第1126页。
③ （清）徐维则辑，（清）顾燮光补辑：《增版东西学书录》，载（清）王韬、（清）顾燮光等编《近代译书目》，国家图书馆出版社2003年影印版，第234页。
④ 《圣约翰书院告白》，《申报》1880年2月3日第6版。
⑤ 颜永京曾在译介斯宾塞《教育论》的《肄业要览》中将psychology译为"心才学"，而后根据狄考文（Calvin Wilson Mateer）翻译的"心灵学"进行了调整。"心理学"作为psychology的译名首见于日本学者西周1876年的《心理学》，该书为海文《心灵哲学》的日译。参见阎书昌《中国近代心理学史上的丁韪良及其〈性学举隅〉》，《心理学报》2011年第1期；赵莉如《有关〈心灵学〉一书的研究》，《心理学报》1983年第4期；汪凤炎《汉语"心理学"一词是如何确立的》，《心理学探新》2015年第3期。
⑥ （清）颜永京：《心灵学序》，载［美］海文《心灵学》，（清）颜永京译，光绪十五年益智书会印，"序"a。
⑦ 中华书局编辑部编，童杨校订：《孙宝瑄日记》，中华书局2015年版，第107—108页。
⑧ 中国蔡元培研究会编：《蔡元培全集》第十五卷，浙江教育出版社1998年版，第198页。

瑄还就此评价认为"西人格致家渐从事于心性,可谓知本矣",可见该书也影响到圣约翰书院之外的学人。

会通中西的教育背景,使得颜永京能够更为方便地开展翻译工作。傅兰雅在《益智书会书目》中评价颜永京所译《肄业要览》时指出:"由于他熟谙中外文献,因此能够在掌握原意的同时,用地道的中文表达出来";又在《心灵学》条目下指出,颜永京同时接受过中西教育,使其能够以一个全面的视野考虑科学术语问题,在译介《心灵学》时也"克服了创制有效的中文术语译名的困难"。[①] 正如傅兰雅所称赞的,《心灵学》确实表现出译者强烈的术语意识。顾有信也指出颜永京在术语翻译上较艾约瑟所体现出的一致性,并注意到颜永京在重要的陌生术语中使用了连接符号"〈"(见图 3.1)。[②] 尽管如此,颜永京仍在《心灵学序》中坦言,翻译术语时"所创之称谓或不的确",造成这一困境的原因在于"其中许多心思,中国从未论及,亦无各项名目,故无称谓以达之",强调了该书思想与概念之于中国本土智识资源的异质性。随后的 1890 年在华新教传教士第二次大会上,颜永京在傅兰雅关于科学术语的报告后的讨论中表示,他听到很多中国学人的抱怨,认为"翻译者不应该为汉语中已经有相应术语的事物再创造新的术语";而对于中国人头脑中没有的概念因而"在汉语中也没有与其对应的术语",颜永京认同"用汉字来为外国术语标音"(即音译)的处理方法。不过在《心灵学》中,颜永京对于翻译"无可称谓之字"的解决方式仍然是"勉为联结,以新创称谓"。[③]

---

① Educational Association of China, *Descriptive Catalogue and Price List of The Books, Wall Charts, Maps, et.*, Shanghai: American Presbyterian Mission Press, 1894, pp. 30, 26. 译文引自《益智书会书目》,王扬宗译,载王扬宗编校《近代科学在中国的传播——文献与史料选编》,山东教育出版社 2009 年版,第 636、633 页。

② Joachim Kurtz, *The Discovery of Chinese Logic*, Leiden: Brill, 2011, pp. 123-124.

③ (清)颜永京:《心灵学序》,载[美]海文《心灵学》,(清)颜永京译,光绪十五年益智书会印,"序"b; John Fryer, "Scientific Terminology: Present Discrepancies and Means of Securing Uniformity", in *Records of the General Conference of the Protestant Missionaries of China*, Shanghai: American Presbyterian Mission Press, 1890, p. 549。译文引自[英]傅兰雅《科学术语:目前的分歧与走向统一的途径》,孙青、海晓芳译,《或问》(日) 2009 年第 16 期。

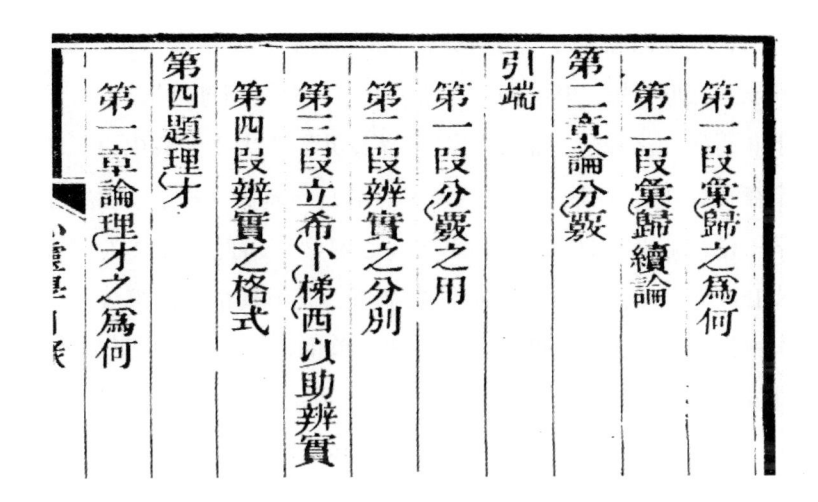

第三章　新式教科书与归纳逻辑译介　　　95

图3.1　《心灵学》中术语连接符号示例

来源：《心灵学》目录第3a页。

二　"充类"：作为心理学研究方法的归纳

按照《心灵学》开篇对海文原书的转述，格致学分为格物学（physics）和格物后学（metaphysics），前者"论物质"，后者则"论一切物质外之事"或者说"专论人事"。格物后学又可细分为辨实学①、是非学（伦理学）、国政学（政治学）、生命学（本体论）和心灵学（心理学）。心灵学"系推明心灵之形用，及形用之凭何理"，其中的"形"指事实，"用"即运行。② 从把知识根据研究对象划分为"物质"和"人事"来看，《心灵哲学》一书依旧遵循着心物二分的传统。

而在认识论角度，该书又认为心灵和物质作为认识的对象是没有区别的。正因为此，心灵学与其他格致学在获得知识的途径和检验标准上

---

① 《心灵学》开篇将逻辑学译为"辩实学"，但之后更多使用的是"辨实学"。
② ［美］海文：《心灵学》，（清）颜永京译，光绪十五年益智书会印，第1a—1b页；Joseph Haven, *Mental Philosophy: Including the Intellect, Sensibilities, and Will*, Boston: Gould and Lincoln, 1858, p.1. 《心灵哲学》原书对心理学有多种称谓，包括"心灵哲学"（mental philosophy）、"心灵科学"（mental science, science of mind）、"心理学"（psychology）等，颜永京将这些术语统一地翻译为"心灵学"。

是相似的，都遵循经验主义的原则——"不论心灵物质，我所得知者，不过其显然之形与用，其形用全在我所见闻及经历所知耳"。二者的区别仅在于"得所知之径"上的不同，毕竟心灵学"大半在我内衷，不似物质之全在我身外"。以这一论证为基础，心理学就和动物学、植物学等经验科学一样，采用归纳的研究方法。《心灵学》对此的译文为"或物质学，或心灵学，我皆先得物质心灵之细情，充类其情，以得统理。将统理依次序详释，而此二学得矣"；"在彼禽兽植物，吾不过将见闻之实事，充类其统理，而禽兽学、植物学于是乎得。在心灵固无异此"。① 在这里，"统理"即 law 或是 principle，"充类"即 induction。

"充类"一词可见于《孟子·万章下》：

万章曰："今有御人于国门之外者，其交也以道，其馈也以礼，斯可受御与？"

曰："不可。《康诰》曰：'杀越人于货，闵不畏死，凡民罔不譈。'是不待教而诛之者也。殷受夏，周受殷，所不辞也。于今为烈，如之何其受之？"

曰："今之诸侯取之于民也，犹御也。苟善其礼际矣，斯君子受之，敢问何说也？"

曰："子以为有王者作，将比今之诸侯而诛之乎？其教之不改而后诛之乎？夫谓非其有而取之者盗也，充类至义之尽也。孔子之仕于鲁也，鲁人猎较，孔子亦猎较。猎较犹可，而况受其赐乎？"②

朱熹对上文解释道："其谓非有而取为盗者，乃推其类，至于义之至

---

① ［美］海文：《心灵学》，（清）颜永京译，光绪十五年益智书会印，第 2a—3a 页。
② 方勇译注：《孟子》，中华书局 2015 年版，第 200 页。现有中国逻辑史研究多认为，此处的"充类"将所有"非有而取"的行为都归于"盗"的范畴，系不恰当地扩大了"盗"这一概念的外延，参见周文英《孟子的逻辑思想》，《江西教育学院学报》（社会科学版）1995 年第 4 期；温公颐、崔清田主编《中国逻辑史教程（修订本）》，南开大学出版社 2001 年版，第 42 页。

精至密之处而极言之耳，非便以为真盗也。"① 那么，既然朱熹将"充类"理解为"推类"，为什么颜永京却回避读者更为熟知的"推类"概念呢？一个可能的解释是，颜永京意识到了作为科学方法的 induction 与"推类"的差异。在二程看来，"一物之理即万物之理"，"格物穷理，非是要尽穷天下之物，但于一事上穷尽，其他可以类推"；②朱熹也强调"理一分殊"，其依据正在于"万物各具一理，而万理同出一源"③，这当然都区别于现代科学进行分类研究的传统。事实上，"类"在先前逻辑学译介中的地位也并不突出。明清之际的逻辑学译介中，"类"主要用于翻译波菲利（Porphyry）在亚里士多德四谓词理论的基础上发展出的五谓词学说，如艾儒略《西学凡》将属、种、种差、固有属性、偶性分别翻译为"万物之宗类"、"物之本类"、"物之分类"、"物类之所独有"和"物类听所有无物体自若"，④以及《名理探》和《穷理学》将其表述为"五公"：宗、类、殊、独、依。范畴论在亚里士多德逻辑学体系中的地位固然重要，但在明末清初的翻译者和接受者那里，会通的重心都在"格物穷理"之上，而"类"作为范畴论术语则始终保持着"外来性"。⑤ 到晚清，艾约瑟在《辨学启蒙》中将 class 翻译为"类"，但具体到逻辑推演中，只是曾将 generalize 翻译为"推及全类"⑥，而更多使用的是"推及全局"；他也将 analogy 翻译为"情形相似之类推法"⑦，但也有"由此物推及相似他物""由一物推及相似情形他物之法""由此物推及情形相似之彼物法辨论"等其他用法，而并未充分强调"类"这一概念。关于此，

---

① （宋）朱熹：《四书章句集注》，中华书局2011年版，第298页。
② （宋）程颢、程颐著，王孝鱼点校：《二程集》，中华书局1981年版，第13、157页。
③ （宋）黎靖德编，王星贤注解：《朱子语类》，中华书局1986年版，第399、416页。
④ ［意］艾儒略答述：《西学凡》，载张西平等主编《梵蒂冈图书馆藏明清中西文化交流史文献丛刊》第1辑第35册，大象出版社2014年版，第212页。
⑤ 徐光台：《明末西方〈范畴论〉重要语词的传入与翻译：从利玛窦〈天主实义〉到〈名理探〉》，《清华学报》（新竹）2005年第2期。
⑥ ［英］哲分斯：《辨学启蒙》，［英］艾约瑟译，光绪丙戌年总税务司署印，第108b页。
⑦ ［英］哲分斯：《辨学启蒙》，［英］艾约瑟译，光绪丙戌年总税务司署印，第117b页。

在关于中西学术方法差异的格致书院课艺中也有论述，如朱澄叙认为先儒"意主穷理，非泛然逐物而格之"，"其所以必先格物者，盖即一物之理，以通万物之理；即万物之理，以穷天下之理"，而西学则是"欲尽天地万物而一一格之"。①

三 "引进辨实"：作为逻辑推理的归纳

尽管颜永京在《心灵学》中弃用了此前对 psychology 的译名"心才学"，但仍然保留了这一概念的基本内涵。按照他的界定，"心灵之某样用法，我即谓某心灵才"，"我心灵既能思、能心动、能立志以行，我即谓我有智、心动、志决，每类中各包若许次才"。② 可见，颜永京所用的"才"指能力，对应原书中的 power。《心灵学》将"智"的能力分为呈才、复呈才、思索和理才四种，被译为"分核"的推理隶属于第三类"思索"（见图3.2）。在海文看来，逻辑学才是专论推理的本质、使用和价值的学问，但由于推理和思维的密切关系，因此心理学家同样要对逻辑学加以研究。③ 这就造就了《心灵学》思辨性更为明显的特征，尤其是较其后实证性更强的心理学译介《性学举隅》来说，《心灵哲学》成书时的心理学仍处于哲学心理学的阶段，④ 自然也与逻辑学有明显的重叠。

---

① （清）朱澄叙：《己丑北洋春季特课超等第三名》，载上海图书馆编《格致书院课艺》2，上海科学技术文献出版社 2016 年影印本，第 40 页。丁韪良注意到二程也曾指出"若只格一物便通众理，虽颜子亦不敢如此道。须是今日格一件，明日又格一件，积习既多，然后脱然自有贯通处"（参见（宋）程颢、程颐著，王孝鱼点校《二程集》，中华书局 1981 年版，第 188 页），但感叹道："谁又能否认中国人早于培根五百年之前对于归纳法就已经有了一个清晰的概念呢？但是……二程的说法并没有给中国人的心里留下任何的印象"，参见 [美] 丁韪良《汉学菁华：中国人的精神世界及其影响力》，沈弘译，世界图书出版公司 2009 年版，第 14—15 页。

② [美] 海文：《心灵学》，（清）颜永京译，光绪十五年益智书会印，第 9a、10a 页。

③ Joseph Haven, *Mental Philosophy: Including the Intellect, Sensibilities, and Will*, Boston: Gould and Lincoln, 1858, p. 203.

④ 阎书昌：《中国近代心理学史上的丁韪良及其〈性学举隅〉》，《心理学报》2011 年第 1 期。与海文心灵哲学不同的是，现代心理学始于实验心理学的兴起，虽源于探讨身心关系的哲学传统，但采用的是物理和医学实验方法，"实验室的有无成了是否是'真正'心理学的标准"，参见赵璐《〈心灵学〉导读》，载 [美] 海文《心灵学》，（清）颜永京译，赵璐校注，南方日报出版社 2018 年版，"《心灵学》导读"第 22—25 页。

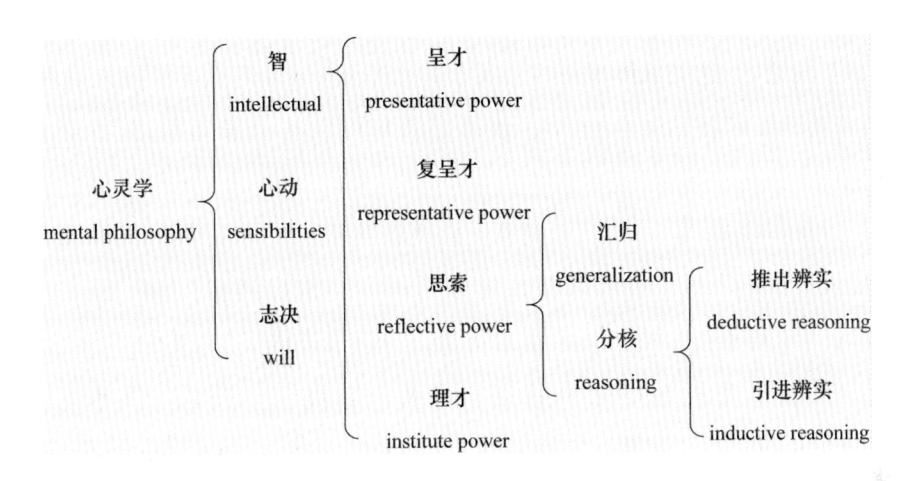

```
                    ┌ 智           ┌ 呈才
                    │ intellectual │ presentative power
                    │              │
                    │              │ 复呈才
心灵学          ┌  │ 心动         │ representative power      ┌ 汇归
mental philosophy │ sensibilities │                           │ generalization          ┌ 推出辨实
                    │              │ 思索                     │                          │ deductive reasoning
                    │              │ reflective power         │ 分核
                    │ 志决         │                          │ reasoning               │ 引进辨实
                    └ will         └ 理才                                                └ inductive reasoning
                                     institute power
```

图 3.2 "引进辨实" 在《心灵学》中的位置示意

按照《心灵学》的阐释，"分核"的含义是"将公同者分之"，① 与之相关的概念是"辨实"。在颜永京的译文中，"分核"与"辨实"只有深浅之分，② 甚至也将二者混用。颜永京在将 logic 音译为"录集克"的同时，也为其找到了"辨实"这一对应概念，意指"辨事物以得其实"。③ 此前，唐代诗人刘禹锡曾写有"吠声者多，辨实者寡"(《上杜司徒书》)的诗句。而在《心灵学》将 reasoning 译为"辨实"之后，谭嗣同也将 1897 年发表的《壮飞楼治事十篇》中的第二篇命名为"辨实"。在《辨实》及之前的第一篇《释名》中，谭嗣同哀叹"洋务"因其名称而被反对，认为"其实了无所谓洋务，皆中国应办之实事"。在谭嗣同看来，"祛名之弊"的解决办法就是诉诸"实"即"辨实"，旨在"求其无变法之名而有变法之实"。④ 显然，"辨实"在谭嗣同那里更重要的是作为认知结果的"实"。与之相比，颜永京"辨事物以得其实"里的"实"

---

① ［美］海文：《心灵学》，(清)颜永京译，光绪十五年益智书会印，第 66b 页。
② ［美］海文：《心灵学》，(清)颜永京译，光绪十五年益智书会印，第 67b 页。
③ ［美］海文：《心灵学》，(清)颜永京译，光绪十五年益智书会印，第 69b 页。
④ (清)谭嗣同：《壮飞楼治事十篇》，载蔡尚思、方行编《谭嗣同全集》，中华书局 1981 年版，第 435—437 页。

只是目标，更为重要的是"辨"这一思维过程，即他所谓的"屑录集成"（即三段论），这尤其体现在《心灵学》"屑录集成非着重于事物之真假，乃着重于如何将诸表句连结、致第三表句可以从上表句而出"① 的表述中。

和经典逻辑学一样，《心灵哲学》也将推理分为 deductive reasoning 和 inductive reasoning，颜永京将二者分别译为"推出辨实"和"引进辨实"："凡辨实有二法，一曰推出辨实，一曰引进辨实"，其中"引进辨实，其法系将所经历之几许事，引至一总理"。② 在此，颜永京为 induction 提出了"充类"之外的另一个译名"引进"，与演绎的译名"推出"形成明显的对应关系。此前的逻辑学译介中，由于培根《新工具》是将归纳法与亚里士多德逻辑学进行对比，因此在慕维廉的译本中，和作为"推上之法"的归纳法形成对比的主要是"辨论"，而只在译者的序言中出现了"推下之法"；艾约瑟的术语中虽有"即物察理"和"凭理度物"这样的对偶，但因其术语的多样性，这种对比的意味也不如颜永京的"推出"和"引进"强烈。

对应于"辨实"的分类，"屑录集成"也分为"推出屑录集成"和"引进屑录集成"。③《心灵学》不仅转述了"屑录集成"的规则，更是实现了先前逻辑学译介一直没有呈现出的形式化特点，将"引进屑录集成"和"推出屑录集成"分别形式化为："子与丑与寅，是甲"，且"子丑寅合以成乙"，因此"乙是甲"（海文原文为：x、y、z 是 A，x、y、z 构成 B，因此 B 是 A）；"乙是甲"，且"子丑寅合以成乙"，因此"子丑寅是甲"（海文原文为：B 是 A，x、y、z 构成 B，因此 x、y、z 是 A）。④ 根据

---

① ［美］海文：《心灵学》，（清）颜永京译，光绪十五年益智书会印，第 82a—82b 页。
② ［美］海文：《心灵学》，（清）颜永京译，光绪十五年益智书会印，第 68a、73b 页。
③ ［美］海文：《心灵学》，（清）颜永京译，光绪十五年益智书会印，第 84a 页。
④ ［美］海文：《心灵学》，（清）颜永京译，光绪十五年益智书会印，第 83a—84b 页；Joseph Haven, *Mental Philosophy: Including the Intellect, Sensibilities, and Will*, Boston: Gould and Lincoln, 1858, pp. 209–210。

顾有信的设想，颜永京在创造"屑录集成"时使用了音译加意译的方法："屑录集成"之于 syllogism，既可被理解为音译，又可意指"对零碎记录的综合"，① 这一诠释尤其适合于"引进屑录集成"的归纳形式。尽管如此，"屑录集成"的使用还是表现出这一概念相对于本土思想的异质性，以至于颜永京只能创造新名词以适应这一新概念。

具体到归纳逻辑，《心灵哲学》和哲学家、逻辑学家一样面临着证明其有效性的任务，亦即《心灵学》中在"引进辨实是将所经历所见闻者为引导"的设定下，如何通过"知经历者为实"推出"凡我未曾经历、未曾见闻者亦必是真"。《心灵学》首先诉诸自然中的"齐一性"，表明"引进辨实是赖天然事物之常为基"②，但是，该书中的归纳推理的有效性又不完全依赖于客观世界的齐一性，更重要的是心理学视角下的"信念"，也就是颜永京所谓的心灵"本然以知"："此非经历以知，亦非用算学以显明，乃赖心灵之本然以知。盖我心灵本知凡诸事在同样境地，必定有同样结局。凡天然之事物，皆常而不变；既若许已见之人如此，则未见之众人亦如此"。③ 如此，就与颜永京将这一学科翻译为"心灵学"，而非如之前艾儒略《性学粗述》和之后丁韪良《性学举隅》使用"性学"形成了一种呼应。按照朱熹的设计，只有通过具体的"心"，才能知道抽象的"性"，但"一切理都是永恒地在那里，无论有没有心，理照样在那里"；而在陆九渊和王阳明的心学传统中，"如果没有心，也就没有理。如此，则心是宇宙的立法者，也是一切理的立法者"。④ 可以看出，在心学"心即理"和理学"性即理"的主张之间，《心灵学》明显偏向

---

① Joachim Kurtz, *The Discovery of Chinese Logic*, Leiden: Brill, 2011, p. 123.
② [美]海文：《心灵学》，(清)颜永京译，光绪十五年益智书会印，第73b页。
③ Joseph Haven, *Mental Philosophy: Including the Intellect, Sensibilities, and Will*, Boston: Gould and Lincoln, 1858, p. 217；[美]海文：《心灵学》，(清)颜永京译，光绪十五年益智书会印，第87b页。
④ 冯友兰：《中国哲学简史》，涂又光译，北京大学出版社2010年版，第243、248—250页；汪凤炎：《论心、心学与心理学的关系》，载杨鑫辉主编《心理学探新论丛（1999）》，南京师范大学出版社1999年版，第70页。

了前者。

四 "希卜梯西"：作为心理活动的归纳

也正是在对心理学主题和逻辑学内容的兼顾中，《心灵学》呈现出和逻辑学的另一个差异，即把假设作为独立于归纳的思维活动进行论述。《心灵学》对 hypothesis 的界定是"凡借此为用者，是因物无基可立；暂立希卜梯西以托之，再试验其基之可用与否"①，具体方法是：

> 凡希卜梯西原是悬设，或有因而设，或无因而设。我取之以解释我所见闻。如我所设者堪以解释诸项见闻，则成为实理。既得其理，而我见他项显然形用，似与此理相贯，我即用此理解释之。格致学士辨实事物，皆用希卜梯西为捷径，以得其究竟。②

除了这里出现的"悬设"，颜永京还曾用"悬拟"来翻译 hypothesis，但在绝大多数情形下使用的还是现今被语言学研究视为音译词范例的"希卜梯西"③。如前所述，按照《辨学启蒙》的介绍，归纳的第二步就是根据观察和实验所获得的经验材料提出假设，随后再对假设进行演绎，并进一步与经验进行比照。也就是说，假设在《辨学启蒙》中是归纳的结果。那么，《心灵学》中的"希卜梯西"和"引进辨实"是如何区分开来的？可以考察一个《心灵学》中"希卜梯西"的实践：

> 假如太阳穹苍之所以成者，系藉一力。若天文士必欲得实阶以

---

① ［美］海文：《心灵学》，（清）颜永京译，光绪十五年益智书会印，第77a页。
② ［美］海文：《心灵学》，（清）颜永京译，光绪十五年益智书会印，第78b页。
③ 唐贤清、汪哲：《试论现代汉语外来词吸收方式的变化及原因》，《中南大学学报》（社会科学版）2005年第1期。不过在顾有信看来，"希卜梯西"和"屑录集成"一样，在音译 hypothesis 的同时含有意译的成分，即"希卜"指"希望来预测"，"梯西"则指"通往西方的阶梯"，参见 Joachim Kurtz, *The Discovery of Chinese Logic*, Leiden: Brill, 2011, p. 123。

第三章　新式教科书与归纳逻辑译介　　　103

考验力之是否吸力,则竟有难处。盖事在杳冥,而我所经历者不多,故无从捏手。此际若天文士取希卜梯西以代引进辨实之法,则大得帮助。彼已知凡在地面之物,其吸力与路程是成方倒比,遂立此为天文之希卜梯西,而悬拟太阳与诸行星亦藉吸力以成苍穹,及后果得其实。①

根据海文的论证,一连串推理的前提要通过归纳推出,但这是一个并不容易甚至有时是不可能的过程,此时就可以借助假设来替代归纳,②也就是颜永京在上文中所谓的"取希卜梯西以代引进辨实之法"。不过,颜永京在上文"无从捏手"处缩略了《心灵哲学》原书关于假设的进一步说明,即假设推理和三段论存在本质的不同——没有中项的推理是假设推理,有中项的推理则是三段论。例如,联言推理(如果 A 是 B,那么 C 是 D；A 是 B；所以 C 是 D)和选言推理(或者 A 是 B,或者 C 是 D；A 不是 B；所以 C 是 D)这两种推理过程都没有中项,因此它们都是假设推理,而不是三段论。③

《心灵哲学》原书大段引用了密尔《逻辑学体系》中关于假设的章节,《心灵学》也予以转述:"密尔云,格致学中所有之大理,其始皆是悬拟,皆是希卜梯西",具体方法也和《心灵学》中的"希卜梯西"颇为相似:"我先设一希卜梯西,似与所见闻相合者,再将此希卜梯西试验,视其有何效,继将其效与前所见闻者试配,考其对合与否。若不对,则将所设者重新检点。"④ 当然,密尔也承认,严格意义上从特殊到一般的归纳,再借助普遍命题作为桥梁推出特殊的推理形式"是我们可能以

---

① [美]海文:《心灵学》,(清)颜永京译,光绪十五年益智书会印,第78b—79a 页。
② Joseph Haven, *Mental Philosophy*: *Including the Intellect*, *Sensibilities*, *and Will*, Boston: Gould and Lincoln, 1858, p. 201.
③ Joseph Haven, *Mental Philosophy*: *Including the Intellect*, *Sensibilities*, *and Will*, Boston: Gould and Lincoln, 1858, p. 212.
④ [美]海文:《心灵学》,(清)颜永京译,光绪十五年益智书会印,第79b 页。

之推理的形式,却非我们必须以之推理的形式";在现实中,"无需借助普遍命题,我们就可以完成从特定到特定的推理"。但问题在于,我们很难对如此得出的判断加以辩护,此时就需要三段论对推理的合理性予以检验。① 可以看出,尽管密尔被批判为心理主义,但仍然是要讨论逻辑学意义上的推理规则,②"希卜梯西"在密尔那里仍然是严格遵守从特殊到一般的逻辑规则的产物。与之相比,《心灵学》的"希卜梯西"则更为接近于日常心理活动,并不必然要上升到一般性,可以是类比甚至是"无因而设"的产物,由此就与"引进辨实"区分开来。这种差别也表现了心理学的实然性描述和逻辑学应然性规范之间的差异。

尽管傅兰雅尤其称赞了颜永京在术语问题上的影响力,认为其观点之于外国人和本国人都是举足轻重的,③ 但至少从颜永京提供的归纳逻辑术语来看却并非如此。颜永京创造的相关概念中仅见"希卜梯西"真正有他人使用,这也从侧面反映了用本土概念或话语阐释 hypothesis 的普遍困难。除了前文已经提及的严复《名学浅说》,留日学者蒋观云在《新民丛报》中署名"观云"的文章中多次使用了"希卜梯西"来指代"假定是名而后实证"。④ 尤其是他不仅使用"希卜梯西"以介绍外来学说,更进一步将其纳入人类学研究的话语表述,足见其认同:

---

① John Stuart Mill, *A System of Logic, Ratiocinative and Inductive: Being a Connected View of the Principles, and the Methods of Scientific Investigation*, Vol. I , Eighth edition, London: Longmans, Green, Reader, and Dyer, 1872, pp. 215 – 216, 227 – 228. 译文参考了[英]穆勒《逻辑体系(1)》,郭武军、杨航译,上海交通大学出版社 2014 年版,第 187—188、197 页。

② 李国山:《约翰·穆勒的心理主义辨析》,《南开学报》(哲学社会科学版) 2009 年第 5 期; David M. Godden, "Psychologism in the Logic of John Stuart Mill: Mill on the Subject Matter and Foundations of Ratiocinative Logic", *History and Philosophy of Logic*, Vol. 26, No. 2, May 2005, pp. 115 – 143。

③ John Fryer, "Scientific Terminology: Present Discrepancies and Means of Securing Uniformity", in *Records of the General Conference of the Protestant Missionaries of China*, Shanghai: American Presbyterian Mission Press, 1890, p. 532.

④ 观云:《华赖斯天文学新论》,《新民丛报》1903 年第 34 期;观云:《佛教之无我轮回论》,《新民丛报》1905 年第 70 期。

以亚细亚西方之人种，迁徙而为中国之土著者，不乏其人。……若吾人种之来，则事在远古，其颠末遂未易详，今亦未敢主一说为定论。然既发见与西方有诸多相同之事，且中国太古之文明，悉为西方所已有，则其言非尽无因，而欲研求我人种之始来，不能不用之以为希卜梯西者也。①

至此可以看出，《心灵学》呈现了三个维度的归纳推理。颜永京注重从传统思想资源中挖掘新术语的译名，但这三种归纳推理的译名仍然呈现出陌生度递增的变化梯度：第一，作为心理学研究方法的归纳，颜永京在典籍中为其找到了对应词"充类"；第二，作为逻辑推理规范的归纳，颜永京通过组合词语创造了"引进辨实"对其进行解释，并在介绍归纳逻辑规则时，进一步使用音译或音译加意译的方式创造了"引进屑录集成"；第三，对于作为心理学现象的"希卜梯西"，颜永京无法为其找到对应概念，只好也采用音译或音译加意译的方式进行解释。也就是说，颜永京明确意识到了西方归纳思想之于中国传统思想的异质性，但也对归纳逻辑本土化做出了尝试。

第三节 "类推之法"：《理学须知》中的归纳逻辑

1898年，傅兰雅对密尔《逻辑学体系》和孔德《实证哲学教程》的译介《理学须知》由格致书室发售，售价洋八分。② 傅兰雅于1861年来华，曾长期担任江南制造局翻译馆口译，编辑《格致汇编》等西学刊物，还曾任教于同文馆，担任益智书会成员并推动格致书院的成立。不过正

---

① 观云：《中国人种考（二）》，《新民丛报》1903年第37期。人种学已被视为一种伪科学，但当时的研究者仍是以科学的方式对其进行讨论。
② 《广学会译著新书总目》，载（清）王韬、（清）顾燮光等编《近代译书目》，国家图书馆出版社2003年影印版，第687页。

如顾有信已经指出的,《理学须知》可谓"傅兰雅知名度最低的译著"。[①] 加之严复此后很快于 1905 年以"穆勒名学"为名翻译了《逻辑学体系》的前三章和第四章部分内容,并且中国文人在甲午中日战争后将关注方向转向日本,因此《理学须知》从思想和术语上的影响都相对较小。但作为密尔归纳逻辑思想在华的首次系统介绍,《理学须知》的重要概念翻译及其所反映的智识语境仍然值得关注。

一 译介情况

1877 年在华新教传教士第一次大会成立益智书会时,便决定编写两套教科书供初级学校和高级学校使用,分别由傅兰雅和狄考文负责。根据益智书会的决议,这两套教材需包括下列内容:

1. 实物教学课,初级教义问答、高级教义问答,初级读本、中级读本、高级读本。
2. 算术、几何、学校代数、测量学、物理学、天文学。
3. 地质学、矿物学、化学、植物学、动物学,解剖学和生理学。
4. 自然地理、政治地理、宗教地理,及自然志。
5. 古代史纲要、现代史纲要、中国史、英国史、美国史。
6. 西方工业。
7. 语言、文法、逻辑学、心理学、伦理学和政治经济学。
8. 声乐、器乐和绘画。
9. 一套学校地图和一套动植物图表,用于教室张贴。
10. 教学技艺,以及其他以后可能达成一致的科目。[②]

[①] Joachim Kurtz, *The Discovery of Chinese Logic*, Leiden: Brill, 2011, p. 126.

[②] "Report of the School and Text Book Series Committee", in *Records of the General Conference of the Protestant Missionaries of China*, Shanghai: American Presbyterian Mission Press, 1890, p. 712. 译文参考了〔英〕韦廉臣《学校教科书委员会的报告》,载朱有瓛、戚名琇、钱曼倩等编《教育行政机构及教育团体》,上海教育出版社 2007 年版,第 622 页。

傅兰雅主持的"格致须知"用于初级学校，是孙维新在前述格致书院课艺中评价为"错综各学，总汇诸家，而合刻以成一集者"的又一种，其中的《理学须知》实现了上述编辑逻辑学教科书的计划。①

傅兰雅多年的西学译介经历，使得他对术语翻译问题一直有着关注与思考。早在1880年，傅兰雅就分别通过《格致汇编》和《字林西报》阐述了自己的术语翻译原则。在他看来，术语翻译要优先使用中文已有的词汇；在必要的情况下可设立新的术语，为此要创造新字或选择不常使用的字，或者创造一个用字尽可能少的描述性术语，又或使用音译的方法：

一、华文已有之名 设疑一名目为华文已有者，而字典内无处可察，则有二法：一可察中国已有之格致或工艺等书，并前在中国之天主教师及近来耶稣教师诸人所著格致工艺等书。二可访问中国客商，或制造或工艺等应知此名目之人。

二、设立新名 若华文果无此名，必须另设新者，则有三法：一以平常字外加偏旁而为新名，仍读其本音，如镁、钟、砷、矽等；或以字典内不常用之字，释以新义而为新名，如铂、钾、钴、锌等是也；二用数字解释其物，即以此解释为新名，而字数以少为妙，如养气、轻气、火轮船、风雨表等是也；三用华字写其西名，以官音为主，而西字各音亦代以常用相同之华字。凡前译书人已用惯者，则袭之，华人可一见而知为西名。所已设之新名，不过暂为试用，若后能察得中国已有古名，或见所设者不妥，则可更易。

三、作中西名目字汇 凡译书时所设新名，无论为事、物、人、

---

① 据王扬宗考证分析，傅兰雅的汉语能力尚不足以独立著述，其"译述《格致汇编》诸书"的中国合作者是格致书室经理栾学谦，且"格致须知"很可能就是二人合作的产物，参见王扬宗《〈格致汇编〉之中国编辑者考》，《文献》1995年第1期。

地等名，皆宜随时录于华英小簿，后刊书时可附书末，以便阅者核察西书，或问诸西人。而各书内所有之名，宜汇成总书，制成大部，则以后译书者有所核察，可免混名之弊。①

尽管傅兰雅强调术语翻译的统一性，但和艾约瑟、颜永京一样，傅兰雅似乎又创造了自己的一套逻辑学汉译术语体系。他曾为自己的此类行为辩护道："我并非故意要忽视前人已经翻译过的术语，除非那些明显奇怪而无法使用的。……我所做出的翻译和前人意见不一致，都是因为过于匆忙或者疏忽而造成的，而绝非故意为之。"② 可以看出，傅兰雅尽管在《益智书会书目》中认为艾约瑟的译本足够准确和优雅，但实际上并不认同艾约瑟的逻辑学译名。不仅如此，他还直接提出，对于逻辑学原理来说，需要给学生比《辨学启蒙》更为简明的解说。③

二 兼顾"相因之事"与"相因智慧"的"理学"

在对现有译名并不满意的情况下，傅兰雅直接在中国典籍中发掘了"理学"来作为 logic 的译名。根据傅兰雅《理学须知》的介绍：

> 理学为格致之一门，所讲求者皆万物内相因之事。此学内各法，能为人先导而考究格致各门之学，即试验人与己所指为相因之事，

---

① ［英］傅兰雅：《江南制造总局翻译西书事略》，《格致汇编》1880 年第 5 期。1889 年，傅兰雅以三品衔江南制造总局翻译、格致书院董事的身份为格致书院课艺出题"华人讲求西学用华文用西文利弊若何论"，他所提出的术语翻译原则也被获得超等第一名的课艺引用，参见（清）杨毓辉《己丑冬季超等第一名》，载上海图书馆编《格致书院课艺》2，上海科学技术文献出版社 2016 年影印本，第 290 页。

② John Fryer, "Scientific Terminology: Present Discrepancies and Means of Securing Uniformity", in *Records of the General Conference of the Protestant Missionaries of China*, Shanghai: American Presbyterian Mission Press, 1890, pp. 535 – 537. 译文引自［英］傅兰雅《科学术语：目前的分歧与走向统一的途径》，孙青、海晓芳译，《或问》（日）2009 年第 16 期。

③ Educational Association of China, *Descriptive Catalogue and Price List of The Books, Wall Charts, Maps, et.*, Shanghai: American Presbyterian Mission Press, 1894, pp. 13, 20.

第三章 新式教科书与归纳逻辑译介　　109

分辨其为真实相因与否。凡人所能信，或不能信者，俱依此法得其凭据。因赖理学，一面能察考新理，一面能求得确据，并能定夺试验各事与求得确据各法。

如前所述，在艾约瑟"西学启蒙十六种"的学科体系中，辨学与格致理学、性理学一道属于理学，而《理学须知》对逻辑学概念则使用了"理学"这一译名，并将其在学科体系中置于格致之下。① 在这里，傅兰雅所谓"理学"的研究对象为"相因之事"，由此获知"万物公例"，使得"人援此例而考究真理，可谓之格致学"。② 此前，《格致汇编》刊载的《潮水与花草树木有相因之理》（又名《潮树相因》）一文中就已使用"相因"这一概念，以表明"潮水与花草树木体质，大有相关之理也"。③ 与之同时，傅兰雅又提出了"相因智慧"这一与"相因之事"极为相似的概念："理学必查出两说之相关者，可否用第二说，为第一说之凭据"④，这一"于未经之事由已知者连类推之"的过程被傅兰雅译为"相因智慧"⑤。

但对照密尔的思想，傅兰雅所谓的"相因智慧"讨论的是命题之间的逻辑推演关系，应与"相因之事"存在较为明显的区别。正如密尔所说："所有的科学都是由资料及以此为基础得出的结论组成，由证据及其所证明的内容组成。逻辑学则是要指出上述资料与结论、证据与所证明内容之间的关系"，特别是"逻辑学并不致力于找寻证据，而是判断是否

---

① 不过，益智书会1904年的《术语辞汇》又将logic译为"名学、辩学"，而并未收录傅兰雅所提供的译名"理学"，参见 Committee of the Educational Association of China, *Technical Terms, English and Chinese*, Shanghai: American Presbyterian Mission Press, 1904, p. 258。由于该书主要是尽可能搜集术语已有的不同译法，一般不拟新译名（参见王扬宗《清末益智书会统一科技术语工作述评》，《中国科技史料》1991年第2期），因而也不能排除是先前已有的"辨学"之误。
② [英]傅兰雅：《理学须知》，光绪二十四年上海格致书室发售，第2b—4a页。
③ 《格物杂说·潮水与花草树木有相因之理》，《格致汇编》1876年第5期。
④ [英]傅兰雅：《理学须知》，光绪二十四年上海格致书室发售，第12a页。
⑤ [英]傅兰雅：《理学须知》，光绪二十四年上海格致书室发售，第2a页。

找到了证据"。① 与之同时，傅兰雅也没有再现密尔对逻辑学和形而上学二者关系的讨论。关于密尔的这一论证，严复对《穆勒名学》的翻译也用到"理学"的概念，不过是指形而上学，区别于其译为"名学"的逻辑学。严复还在按语中专门指出："理学其西文本名谓之出形气学，与格物诸形气学为对，故亦翻神学、智学、爱智学，日本人谓之哲学。"② 两相比较可以看出，在傅兰雅那里，逻辑学与科学、哲学的边界都是比较模糊的。这一特点已被当时的读者注意到，如《增版东西学书录》就评价《理学须知》认为：

> 专揭分晰事物之法，于理学为论辨，于辨学为理辨，与艾约瑟所译《辨学启蒙》相出入，而文词之明白过之。学者欲穷格致之要，宜读此以植其基，而旁考《西学略述》中之言理学与赫胥黎《天演论》下卷以穷其流，于真理庶乎无疑。③

三 重要而不必要的"类推之法"

和"理学"一样，傅兰雅也没有为 induction 创造新的中文表述，而是直接使用了程朱理学的基本概念"类推"，将归纳翻译为"类推之法"。和"类推之法"相对应的演绎被译为"求据之法"，而并未如艾约瑟"即物察理—凭理度物"、颜永京"引进辨实—推出辨实"、严复"内籀—外籀"那样反映出 inductive/deductive 的对偶关系。"类推之法"的定义为"就公理公例设立公说，不但本案可用，其说凡等类之案，亦可用之"。关于归纳推理何以"尽赅万物"的问题，《理学须知》也转述了

---

① John Stuart Mill, *A System of Logic, Ratiocinative and Inductive: Being a Connected View of the Principles, and the Methods of Scientific Investigation*, Vol. I, Eighth edition, London: Longmans, Green, Reader, and Dyer, 1872, p. 9.
② ［英］穆勒：《穆勒名学》，严复译，商务印书馆1981年版，第4页。
③ （清）徐维则辑，（清）顾燮光补辑：《增版东西学书录》，载（清）王韬、（清）顾燮光等编《近代译书目》，国家图书馆出版社2003年影印版，第260页。

密尔关于齐一性的思想,即"万物内事多匀净",或者说"凡相因之例,如万物各事之次第往往不变"。①

密尔认为,面对复杂的现象,归纳探究的第一步是对其进行分析,其后则是将这些因素进行分解,途径包括观察和实验。在他看来,"为了实现变换条件的目的,根据通常的区分,我们可以进行观察或实验。我们或者可以在自然中发现适于我们目的的事例,或者通过人工安排而制造一个事例"。② 与之不同,傅兰雅的转译则省略了观察和实验的区分,直接提出"凡类推法,大旨必从多相因之事,分出何缘故与成事有关。求其相关,必须试验",并且"英国理学家米勒已设四法,为试验缘故与成事之相关"(见表3.4)。不过,原因的复杂性使上述方法并不能轻易找到原因,因此需要使用被傅兰雅译为"揣疑法"的演绎法:"揣疑法可分为三:一为类推,即用试验法求得公法;二用公法解说合式各案……三为推证,即将所应成之事与目所见者相比,若两事相合无差,则可为据。"值得指出的是,傅兰雅还为 hypothesis 提供了新的译名"设理"。③

表3.4　　　　　　傅兰雅对密尔四种归纳方法的翻译

相同法	凡查见天然事物,有两案或多案,只一事公用,则为天然事之缘故
相异法	凡察见天然事物,一案已显、一案未显,只有一分别法,即未显之事,其中相异之处,必与缘故相关
其余法	凡纵天然之事,分出已知为某缘故者,则其余所成之事,必为其余缘故所成
同时改变法	凡此一天然事,与彼一天然事,同时改变,则此与彼,均有缘故与成事之相关

---

① [英]傅兰雅:《理学须知》,光绪二十四年上海格致书室发售,第18b—20a页。
② John Stuart Mill, *A System of Logic, Ratiocinative and Inductive: Being a Connected View of the Principles, and the Methods of Scientific Investigation*, Vol. I, Eighth edition, London: Longmans, Green, Reader, and Dyer, 1872, pp. 437–440. 原文的"发现"与"制造"均为斜体。
③ [英]傅兰雅:《理学须知》,光绪二十四年上海格致书室发售,第20b—23a页。

如前所述，《理学须知》只是前五章的内容出自密尔《逻辑学体系》，第六章"略论格致之理"则出自孔德《实证哲学教程》的思想。傅兰雅在这一章尤其强调了实验对科学的重要作用，根据他的介绍：

> 从天文推至地面，所有之博物学，欲包括定流气三质、热、重、水、光、电等学，几全恃试验之法，始能得其道理。非若天文内不能用试验法也。西国略二百年来，所有博物之学，俱由试验法查得新例。①

《理学须知》对"试验法"的强调，并不只是傅兰雅对底本的机械转译，而是与其在科学译介活动中对实验的重视相一致的。傅兰雅主编《格致汇编》的一大特点就是"突出介绍了科学仪器和科学实验"；② 其参与筹办的格致书院也极为重视示范性实验的作用，如1877年狄考文在格致书院中讲解电学时"用器具显出附电气之性情，最为灵巧"，使得五十余位观者"无不称美，无不欢欣"。③ 至于为何归纳逻辑没有在傅兰雅翻译计划中占据重要地位，就有必要结合傅兰雅对探索性实验和示范性实验所作的区分来探究。在傅兰雅看来：

> 中国很幸运，不必经历那些筚路蓝缕的年代。而在西方，这种艰苦研究是与科学发展进程的每一步相伴随的。她不必从黑暗茫昧中起步，也不必去发明一些最后被证明无效的理论与假设模型，因而必须放弃或加以重大的修正。也不必为了要开始探测自然界的神秘而耗费时间与金钱，用以投入那些精细昂贵的实验。……这一系

---

① [英]傅兰雅：《理学须知》，光绪二十四年上海格致书室发售，第32b页。
② 王扬宗：《〈格致汇编〉与西方近代科技知识在清末的传播》，《中国科技史料》1996年第1期。
③ 《格物杂说·格致书院》，《格致汇编》1877年第5期。

列来之不易的科学真理以及据此而产生的珍贵发现与创造是人类共同的财富。①

可见，在傅兰雅的价值判断中，探索性实验对科学的重要性是毋庸置疑的，但中国更为需要的是示范性实验以更好地接纳知识。如此一来，傅兰雅为逻辑学选用的"理学"这一译名就又面临着类似于慕维廉"格致新理"的歧义，即一方面是作为认知成果的"理"，对应傅兰雅的"相因之事"；另一方面又是关于认知过程的"理"，对应"相因智慧"。不过与慕维廉译介《新工具》时的立场不同的是，傅兰雅更为重视的是前者。正因为此，归纳逻辑在傅兰雅所呈现的西学知识体系中的重要性就相对较低。将艾约瑟"西学启蒙十六种"与傅兰雅"格致须知"这两套初级科学教科书进行比较可见，前者沿袭了底本"科学启蒙"对归纳方法的重视，在专论逻辑学的《辨学启蒙》之外，仍有多册将归纳推理作为形成科学知识的途径加以讨论；而译者主体性更为明显并可能更针对中国读者的"格致须知"，在专论逻辑学的《理学须知》之外则鲜见有对科学方法的介绍。

小　结

本章回溯了艾约瑟、颜永京、傅兰雅等译者在新式教科书中译介归纳逻辑的多种尝试。这些教科书的读者范围并未局限于洋务学堂或教会学校，而是影响到更为广泛的文人群体。在此过程中，艾约瑟使用以"即物察理之辨论"为代表的概念来转述归纳逻辑，颜永京译本中的归纳共有"充类""引进辨实""希卜梯西"三个维度，傅兰雅则直接将其译

---

① John Fryer, "Scientific Terminology: Present Discrepancies and Means of Securing Uniformity", in *Records of the General Conference of the Protestant Missionaries of China*, Shanghai: American Presbyterian Mission Press, 1890, p. 532. 译文引自［英］傅兰雅《科学术语：目前的分歧与走向统一的途径》，孙青、海晓芳译，《或问》（日）2009 年第 16 期。

为"类推之法"。

上述概念尽管形式不一,但有着共通的翻译理念。对于译者来说,在中国原有智识资源中挖掘与归纳逻辑严格对应的思想并非易事。因此,译者不得不寻找与归纳逻辑相对接近的本土概念加以阐释,通过适当改造"格物穷理""推类"等传统理学概念来介绍外来归纳思想。特别是随着归纳逻辑译介内容的细化,在本土典籍中寻找对应概念也越发困难。这不仅表现于作为译名的"即物察理""充类"与传统概念在内涵上的区别,更直接体现于"屑录集成""希卜梯西"等具备音译特征的概念,显示出归纳逻辑规则,特别是假设推理之于本土文化的异质性。

译者对待归纳方法的态度,一定程度上印证了本书绪论所引述艾尔曼的观点,即实验在科学中的发现和检验作用并没有得到重视。这一方面是由于译者并不从事科学研究,另一方面也映射出中国读者对方法论问题的轻视。而即便如此,归纳逻辑规则和归纳科学蕴含的归纳逻辑元素仍然为一些中国文人所理解和接受,并形成了新的变种,这是下一章要从中国文人的视角进行讨论的内容。

第四章

中国文人对归纳逻辑的选择性接纳

　　科学在新环境的传播是一个选择过程,"这个过程决定了科学的哪些部分应当存活,哪些部分不应当存活"。[①] 归纳逻辑和归纳科学入华早期,统治者和士绅阶层或被动或主动"睁眼看世界"的同时,也注意到归纳方法之于学术进步与国家富强的价值所在。但正如本书绪论所提出的,传统文人对归纳逻辑的接受绝非理所当然。尤其对于士大夫这一群体而言,他们作为社会指导者的权威的前提恰在于,在古典或先例中常常存在着正确解答;否定这一前提,就是对士大夫的自我否定。[②] 因此,在科举制度仍占主导或其科目不做调整的情况下,即使"西学启蒙十六种"等书已经进入新式课堂或文人书房,依旧难以动摇以圣贤经典为是非标准的传统思维方式。[③] 不过在这一时期,同样值得注意的还有科举考试的失意者。作为文明碰撞时极易脱离原初结构的群体,[④] 他们以自己的方式成为归纳逻辑的潜在接受者,并影响着归纳逻辑本土化的走向。

　　[①] [丹]克拉夫:《科学史学导论》,任定成译,北京大学出版社2005年版,第87页。
　　[②] [日]佐藤慎一:《近代中国的知识分子与文明》,刘岳兵译,江苏人民出版社2011年版,第13页。
　　[③] 袁伟时:《19世纪中西哲学和文化交流的几个问题》,《哲学研究》1992年第7期。
　　[④] 张海林:《王韬评传》,南京大学出版社1993年版,第35—36页。另见易惠莉《江南地区早期近代人才优势概论》,《华东师范大学学报》(哲学社会科学版)1994年第1期。

第一节　新旧认识论的过渡

在接触归纳逻辑并受到影响的中国文人中，王韬无疑是较为显眼的一位。他不仅曾长期与麦都思、慕维廉、伟烈亚力、艾约瑟等传教士在墨海书馆共事，晚年还担任过格致书院山长并设立主持考课制度。除了与艾约瑟合作的《格致新学提纲》中对培根的简单介绍，王韬在收录于其1873年《瓮牖余谈》的《英人倍根》一文中对培根拒斥权威、主张经验主义的思想进行了更为全面的介绍，并强调了培根思想在英国科学技术进步中的决定性地位。钟天纬在格致书院课艺答卷中也写道：培根"所著大小书数十种，内有一卷论新器，尤格致家所奉为圭臬。其学之大旨，以格致各事，必须有实在凭据者为根基，因而穷极其理；不可先悬一理为的，而考证物性以实之。以是凡目中所见，世上各物，胥欲格其理而致其知"①。本节即以王韬为主要线索，讨论文人群体在认识论上的切换及其影响。

一　从"古人之言"到"实在证据"

王韬对培根思想的介绍，其逻辑起点始于培根对固守经典的批判：培根"为学也，不敢以古人之言为尽善，而务在自有所发明；其立言也，不欲取法于古人，而务极乎一己所独创。其言古来载籍，乃糟粕耳。深信胶守，则聪明为其所囿"②。在此，王韬主要强调的是培根对"剧场假象"的批判，即反对盲从于传统的哲学体系和知识权威。这一立场并不反常，也并非个例。王韬曾顺利考中秀才，却一度因考举人失利而内心郁结、愤世嫉俗。③1848年，王韬到上海探望父亲时在墨海书馆结

---

① （清）钟天纬：《己丑北洋春季特课超等第四名》，载上海图书馆编《格致书院课艺》2，上海科学技术文献出版社2016年影印本，第60页。
② （清）王韬：《瓮牖余谈》，光绪元年申报馆印，卷二第9b页。
③ 张海林：《王韬评传》，南京大学出版社1993年版，第11—23页。

识麦都思，[1] 并于次年到墨海书馆参与翻译工作。其间，王韬仍尝试参加科举并向官员献策但未果，后被清廷发现上书太平天国而于1862年逃往香港，1884年才回到上海。对于王韬以及同时代的徐寿、李善兰、钟天纬等"口岸知识分子"来说，科举考试中的不得志使得他们对传统"以古人之言为尽善"的知识体系失去信心，从而对新学持更为开放的立场。钟天纬在其化名王佐才的格致书院课艺中便指出："中国每尊古而薄今，视古人为万不可及，往往墨守成法而不知变通；西人喜新而厌故，视学问为后来居上，往往求胜于前人而务求实际。此中西格致至所由分也"，并得到阅卷人"称心而谈，悉中肯綮"的评价。[2]

"口岸知识分子"群体对传统智识权威的态度，又反过来影响到归纳逻辑译介的话语。慕维廉、艾约瑟等主要的归纳逻辑译者长期与王韬、沈毓桂等失意文人交往，自然了解这一群体的智识主张与价值取向，同时也希望通过培根思想来吸引和说服更广泛的"旧"式文人。本书第二章已经展示了《格致新法》中"岂可茫然莫辨，徒从古昔遗言哉"，特别是"众人去前时之蒙昧，而顿开益智，绝世俗之故态而咸于新法，是中国所大幸也"的话语，类似的修辞还出现于艾约瑟《格致总学启蒙》对日常推理、日常知识和科学推理、科学知识这两组概念的翻译。在该书原作者赫胥黎那里，其对科学活动中的推理及所获知识与日常生活确实

---

[1] 仓田明子指出，王韬父亲此时正受雇于墨海书馆翻译《圣经》，但王韬试图掩饰这一事实，称自己只是慕名拜访了墨海书馆，参见［日］仓田明子《十九世纪口岸知识分子与中国近代化——洪仁玕眼中的"洋"场》，杨秀云译，凤凰出版社2020年版，第108页。王韬一度对受雇于传教机构且翻译《圣经》多有辩护，这也反映了转型期文人的复杂心态。如面对好友"吾人既入孔门，既不能希圣希贤，造于绝学，又不能攘斥异端，辅翼名教，而岂可亲执笔墨，作不根之论，著悖理之书，随其流扬其波哉！"的质疑，王韬回应道："教授西馆，已非自守之道，譬如赁舂负贩，只为衣食计，但求心之所安，勿问其所操何业。译书者，彼主其意，我徒涂饰词句耳，其悖与否，固于我无涉也。且文士之为彼用者，何尝肯尽其心力，不过信手涂抹，其理之顺逆，词之鄙晦，皆不任咎也。由是观之，虽译之，庸何伤？"参见（清）王韬撰，田晓春辑《王韬日记新编》，上海古籍出版社2020年版，第373页。

[2] （清）王佐才：《己丑北洋春季特课超等第二名》，载上海图书馆编《格致书院课艺》2，上海科学技术文献出版社2016年影印本，第31页。

有所区分，但主要是精确度等方面的差异，二者并不对立；[1] 而正如表4.1所示，艾约瑟的翻译则更为强调日常推理和知识受控于"遗老"，主张要通过格致家所使用的新方法予以超越。

表4.1 艾约瑟《格致总学启蒙》日常推理/知识与科学推理/知识译名

Common reasoning 遗老传闻之讲解议论、遗老传说之从正讲论分辨	Scientific reasoning 格致家所用之讲论分辨法
Common knowledge 世人心目中同知之理、世间遗老所传之理、人所共知之事理	Scientific knowledge 人用格致法所得之理、格致家所论辨之理

根据王韬的叙述，培根在批判知识权威的基础上，将经验确立为新的标准："独察事物以极其理，务期于世有实济，于人有厚益"；而英国学术之所以能够不断发展，也是因为继承了培根学说"勤察事物，讲求真理"的特性。在此，王韬还引用了他与艾约瑟合作的《格致新学提纲》中的表述"其言务在实事求是，必考物以合理，不造理以合物"。[2] 值得注意的是，王韬本人的思想主张在一定程度上就是通过亲身体验而持续调整的。无论是从家乡到南京参加科举考试、到上海省亲后加入墨海书馆，还是流落香港、途经东南亚和埃及并周游欧洲、日本，王韬的认识也随着经验的丰富而不断扩展。如在欧洲游历期间，他就一直在"览其山川之诡异，察其民俗之醇漓，识其国势之盛衰，稔其兵力之强弱"。[3] 尽管已被受洗为一名基督徒，王韬在介绍被音译为"卜斯迭尼教"的实证主义（positivism）时却说："不拜上帝，不事百神，但尽乎生人分内所

---

[1] Leonard Huxley, *Life and Letters of Thomas Henry Huxley*, Vol. 2, New York: D. Appleton and Company, 1900, p. 2.

[2] （清）王韬:《瓮牖余谈》，光绪元年申报馆印，卷二第9b、10b页。类似的表述还可见于钟天纬化名王佐才的格致书院课艺："大旨必须藉实在证据，方可推阐其理，不可先发虚无之论，而指物以实之"，参见（清）王佐才《己丑北洋春季特课超等第二名》，载上海图书馆编《格致书院课艺》2，上海科学技术文献出版社2016年影印本，第32页。

[3] （清）王韬:《弢园文录外编》，上海书店出版社2002年版，第271页。

当为,实事求是,以期心之所安而已。彼谓死后报应、天堂地狱之说,徒足以惑人听闻,而实非道之至者也。道之至者,在乎躬行实践。徒言死后之事,虚无缥缈,果谁见而谁述之者?"① 这也表明,正如16世纪欧洲宗教改革者未能预想到科学发展的全部后果,② 19世纪在华传教士通过译介归纳科学而传教的努力也未能完全实现。

同样是由于对"实事求是"的强调,使得1876年担任首任驻英公使的郭嵩焘在次年的日记中将欧洲各国的富强归因于培根的"实学":

> 英国讲实学者,肇自比耕。……比耕亦习剌丁、希腊之学。久之,悟其所学皆虚也,无适于实用,始讲求格物致知之说,名之曰新学。当时亦无甚信从者。同时言天文有格力里渥,亦创为新说,谓日不动而地绕之以动。比耕卒于一千六百二十五年,格力里渥卒于一千六百四十二年。至一千六百四十五年,始相与追求比耕之学,创设一会,名曰新学会。一千六百六十二年,查尔斯第二崇信其学,特加敕名其会曰罗亚尔苏赛也得。罗亚尔,译言御也;苏赛也得,会也。而天文士纽登生于一千六百四十二年,与格力里渥之卒同时。英人谓天文窔奥由纽登开之。此英国实学之源也。相距二百三四十年间,欧洲各国日趋于富强,推求其源,皆学问考核之功也。③

由上可知,中国文人起初对培根思想的推崇至少包含有两重驱动:一是本着提升国家实力的目标,从实用层面探究国家富强的结果;二是本着完善格物穷理方法的目标,并渗透有拒斥知识权威、强调个体经验知识的立场。如前所述,徐寿、华蘅芳在接触到19世纪来华传教士科学译介之前

---

① (清)王韬:《弢园文录外编》,上海书店出版社2002年版,第135页。
② [德]韦伯:《新教伦理与资本主义精神》,康乐、简惠美译,广西师范大学出版社2007年版,第67—68页;[美]默顿:《十七世纪英格兰的科学、技术与社会》,范岱年、吴忠、蒋效东译,商务印书馆2000年版,第117页。
③ 梁小进主编:《郭嵩焘全集》第十卷,岳麓书社2018年版,第340—341页。

就已在先前耶稣会士译介的影响下开展自然研究,而在读到《博物新编》等书后,更是"在家中自制格致器,以试其书中理法,且能触类引伸,旁通其所未见者"。[1] 这些被主流知识形态排斥的口岸知识分子,本就对新的知识生产方式持开放态度,更何况他们还能以个人经验直接参与到这种知识生产中,这更加强化了他们对于归纳科学和归纳逻辑的信念。

二 认识论个人主义与政治个人主义之间的张力

正如英国皇家学会会徽上镌刻的格言"勿轻信人言"（Nullius in Verba）,经验主义图景中的首要知识来源是个体的感觉经验,这是一种典型的认识论个人主义。[2] 正因此,科学知识的生产需要在科学共同体内部倡导平等、自由等个人主义的核心价值观念,这也使得《新工具》被认为能够使科学"民主化"[3] 并成为欧洲诸多改革的修辞资源[4]。

与认识论个人主义相关联的是政治个人主义,二者有着共同的原子论基础。尤其按照逻辑学关注形式而非内容的特质来看,认识论个人主义和政治个人主义都符合由个例上升为一般的模式。邦格（Mario Bunge）就曾讨论了形而上学的、逻辑的、语义的、认识论的、方法论的、伦理的、政治的等十种个人主义的区别和相互联系。[5] 具体到科学实践,这种关联也体现于夏平（Steven Shapin）、谢弗（Simon Schaffer）所指出的 17 世纪英国复辟政体和实验科学的共同形式:实验哲学家从认知的角度主张"没有任何单一的个人权威可以强加信仰于他人",这种实验社群运行

---

[1] ［英］傅兰雅:《江南制造总局翻译西书事略》,《格致汇编》1880 年第 5 期。

[2] ［英］阿巴拉斯特:《西方自由主义的兴衰》,曹海军等译,吉林人民出版社 2004 年版,第 30 页;［英］卢克斯:《个人主义》,阎克文译,江苏人民出版社 2001 年版,第 100 页。

[3] Philip Ball, *Curiosity: How Science Became Interested in Everything*, Chicago: The University of Chicago Press, 2012, p. 104.

[4] Richard Yeo, "An Idol of the Market-Place: Baconianism in Nineteenth Century Britain", *History of Science*, Vol. 23, No. 3, September 1985, p. 253.

[5] Mario Bunge, "Ten Modes of Individualism—None of Which Works—And Their Alternatives", *Philosophy of the Social Sciences*, Vol. 30, No. 3, September 2000, pp. 384–406.

方式同时也提供了一个理想的政体模型。① 事实上，从需要在一定范围内公开进行的 17 世纪英国实验科学，到 19 世纪法拉第（Michael Faraday）在皇家研究院的示范实验，科学知识往往是通过一定程度的公共见证而得以确证的。埃兹拉希（Yaron Ezrahi）将这种"通过在公共事实的世界中展示和观察例子来证明、记录、解读、分析、确证、否证、解释或示范"的模式称作"证明性视觉文化"，与"赞颂性视觉文化"相对。在他看来，"证明性视觉文化"并不局限于科学研究之中，而是通过将政治视为一个公民可以平等地进行观察的客观领域，从而为自由民主政治提供了意识形态资源。②

科学运行方式与政治秩序之间的互动，也发生在晚清中国。李提摩太曾有三年时间每月在太原进行演讲，内容涵盖天文学、化学、机械、蒸汽、电、光、医药学和外科学等方面，据他记述：

> 一般来说，每次演讲以后，总有一些特别有头脑的人留在后面，就我给他们讲的题目继续问这问那。但在选择听众时我不得不动点心思，以避免同时邀请不同级别的人。有一次，我无意之中邀请了几位道台（大约掌管 30 个县）和几位知府（管理大约 10 个县的行政长官），还有几位一县之长——知县。我注意到，其中有一位官员，平常总是提一些非常有见解的问题，那一晚上却几乎没说一句话。第二天见到他时，我问他头天晚上保持沉默的原因，他回答说，当着那么多长官的面，他哪敢说什么呢？从此以后，我就注意只邀请同一个级别的官员前来听讲，以便他们感到轻松、谐和。③

---

① ［美］夏平、［美］谢弗:《利维坦与空气泵：霍布斯、玻意耳与实验生活》，蔡佩君译，上海人民出版社 2008 年版，第 283、324—326 页。
② ［以］埃兹拉希:《伊卡洛斯的陨落：科学与当代民主转型》，尚智丛、王慧斌、杨萌等译，上海交通大学出版社 2015 年版，第 79—157 页。
③ ［英］李提摩太:《亲历晚清四十五年：李提摩太在华回忆录》，李宪堂、侯林莉译，天津人民出版社 2005 年版，第 136—141 页。

与之形成呼应的是，梁启超其后在连载于《时务报》的《变法通议》指出："国群曰议院，商群曰公司，士群曰学会。而议院、公司，其识论业艺，罔不由学，故学会者，又二者之母也"，① 就是将学术共同体的公共秩序作为政治活动和经济活动的理想模型。

然而，与西方近代思想首先发现了个体的"人"和"公民"不同，晚清时期中国文人对民族和国家的忧患意识使得他们首先发现的是"国民"，他们的自由主义观念也并未超过国家本位的集体主义价值观。② 这一特点集中体现于王韬以"重民"为题的三篇文章中。在王韬看来，富国强兵的关键在于获得民心："天下何以治？得民心而已。天下何以乱？失民心而已"，而中国相较于西方的问题在于未能聚拢民心："西国民寡而如此，中国民众而如彼，岂真所谓虽多亦奚以为者欤？是盖在不善自用其民也。"具体到解决途径上，王韬认为俄罗斯式的"君主之国"和法国式的"民主之国"都并非理想的君民关系，他推崇的是能够像英国那样"惟君民共治，上下相通，民隐得以上达，君惠亦得以下逮"，③ 这就仍是基于传统"君"与"民"的观念来谋划政治改革方向。可以看出，由于王韬面对的中心问题"不是如何最大限度地论证个人自由，把它当作终极目的或充分发展个性的手段，而是如何最好地实现中国的强盛"，④ 因此，其对归纳逻辑和归纳方法的认可，更为主要地还是由于这种方式被证明是西方学术与社会发达的"机缄"，而并未试图以归纳的理念来推动社会秩序的进步。

如果说王韬的立场可能受到对外来思想理解程度的限制，那么其

---

① 梁启超：《变法通议》，载《饮冰室合集》文集之一，中华书局1989年版，第31页。
② 罗晓静：《清末民初西方"个人"概念的引入与置换》，《湖北大学学报》（哲学社会科学版）2008年第5期；张师伟：《西学东渐背景下中国传统"自由"思想的现代转换及其影响》，《文史哲》2018年第3期。
③ （清）王韬：《弢园文录外编》，上海书店出版社2002年版，第15—19页。
④ ［美］柯文：《在传统与现代性之间——王韬与晚清改革》，雷颐、罗检秋译，江苏人民出版社2006年版，第146—147页。

后严复的主张则更加强化了"拒绝个人主义,强调群己平衡"这一特征。① 自 19 世纪 90 年代,严复就已经开始在《论世变之亟》《救亡决论》等文章和《天演论》等译作和诸多讲座中论及归纳推理,并分别以密尔的《逻辑学体系》、耶方斯的《逻辑学》为底本译出《穆勒名学》《名学浅说》。从密尔的思想体系来看,其归纳逻辑本身就可视作一种工具,让每个个体都能够对权威观点进行检验。② 正如密尔在《论自由》(严复译为《群己权界论》)中指出的:"即使人类当中最聪明的也即最有资格信任自己的判断的人们所见到的为信赖其判断所必需的理据,也还应当提到少数智者和多数愚人那个混合集体即所谓公众面前去审核,这要求是不算过多的。"③ 但与密尔把个人自由作为目的不同,严复仍是强调"己轻群重"。④ 受严复的影响,孙宝瑄 1897 年读《天演论》手稿后在日记中记录:西方逻辑学"有内导之学焉,有外导之学焉。……内导云者,致曲而概其全,审微而得其通。外导云者,据公例以例余事,设定数以逆未来者也"。⑤ 而他在 1901

---

① 黄克武:《西方自由主义在现代中国》,载黄俊杰编《中华文化与域外文化的互动与融合》,台北:喜马拉雅研究发展基金会 2006 年版,第 355 页。

② Kent W. Staley, "Logic, Liberty, and Anarchy: Mill and Feyerabend on Scientific Method", *The Social Science Journal*, Vol. 36, No. 4, 1999, p. 612.

③ [英]密尔:《论自由》,许宝骙译,商务印书馆 1959 年版,第 24 页。

④ 严复:《天演论》,载王栻主编《严复集》,中华书局 1984 年版,第 1357 页。史华兹(Benjamin I. Schwartz)对此的经典解释是,严复对归纳主义的信奉,首先是因为他看到这种逻辑对中国传统思想中的某些逻辑错误倾向有独特的纠正与解毒的功用,是其自强保种的努力的体现,参见[美]史华兹《寻求富强:严复与西方》,叶凤美译,江苏人民出版社 2010 年版,第 129 页。但黄克武认为,除此之外,还应借鉴墨子刻(Thomas A. Metzger)所区分的"乐观主义认识论"和"悲观主义认识论",强调密尔阐述个人自由时对"悲观主义认识论"的侧重和严复翻译密尔时所体现的儒家"乐观主义认识论"传统,参见黄克武《自由的所以然:严复对约翰弥尔自由思想的认识与批判》,上海书店出版社 2000 年版。

⑤ 中华书局编辑部编,童杨校订:《孙宝瑄日记》,中华书局 2015 年版,第 172 页。根据沈国威的梳理,尽管《天演论》最终出版的版本使用"内籀""外籀",但严复在先前的手稿和《天演论》出版后在通艺学堂所作的演说《西学门径功用》中均用"内导""外导",参见沈国威《严复与科学》,凤凰出版社 2017 年版,第 84 页。严复在《天演论》手稿中的表述为:"迨治西洋名学,见其所以求事物之故,而察往知来也,则有内导之术焉,有外导之术焉。内导云者,察其曲而见其全者也,推其微以概其通者也;外导云者,据大法而断众事者也,设定数而逆未然者也。"参见严复《天演论》,载王栻主编《严复集》,中华书局 1984 年版,第 1411 页。

年读梁启超对斯迈尔斯（Samuel Smiles）《自助论》的介绍"总称曰国，分言曰民"①后又写道："余分治民之法有二：曰内导，曰外导。内导，教也。外导，政也。"可以看出，孙宝瑄同时将"内导""外导"这一组概念用于对西方认识论和政治制度的理解，这体现了其对认知秩序与政治秩序在形式上都是由个体到一般的认识。不过，孙宝瑄在政治制度上同样认为"然使先无内导之力，又何由知外导之理"②，更为强调的也是"内导"。

第二节 从"辨学"到"辩学"：为"中国逻辑"辩护

晚清以降，中学和西学的异同及其相互关系的问题是中国文人最为关注的问题之一。如在格致书院课艺中，1887年便有考题"格致之学中西异同论"，③1889年又有李鸿章所出的题目"问大学格致之说，自郑康成以下无虑数十家，于近今西学有偶合否？西学格致始于希腊之阿卢力士托德尔，至英人贝根出，尽变前说，其学始精，逮达文、施本思二家之书行，其学益备，能详溯其源流欤"④。随着西方逻辑学的持续传入，对中西学关系的思考也反映在逻辑学领域，并体现于逻辑学概念从"辨学"到"辩学"的演变，本节对这一过程作一概念史的梳理。

一 "辨学"内涵的延伸

"辨学"作为艾约瑟对logic的译名，其影响本不及严复所译的"名学"和日译"论理学"。如由严复命名的通艺学堂，1897年就在章程所列课程

---

① 梁启超：《自由书》，载《饮冰室合集》专集之二，中华书局1989年版，第16页。
② 中华书局编辑部编，童杨校订：《孙宝瑄日记》，中华书局2015年版，第830页。
③ 上海图书馆编：《格致书院课艺》1，上海科学技术文献出版社2016年影印本，第161页。
④ 上海图书馆编：《格致书院课艺》2，上海科学技术文献出版社2016年影印本，第9页。

中写为"名学"（即辨学）。① 更明显的例证是，虽然"西学启蒙十六种"被张之洞列为1902年壬寅学制新编教科书颁行之前"暂为讲授，并备教员参考"的书目之一，② 但壬寅学制中的课程名称却为严复所翻译的"名学"③ 和"名理"④。不过在"西学中源"的思潮下，"辨学"概念首先被谭嗣同尝试与名家学说联系起来。其在1896—1897年撰写、1899年刊载的《仁学》提出"辨对待者，西人所谓辨学也，公孙龙、惠施之徒时术之"，在1898年发表的南学会讲义《论今日西学与中国古学》中提出"辨学，则有公孙龙、惠施之类"。⑤ 孙宝瑄在1903年的日记中也认为，辨学"即文学是也"。尤其在读《吕氏春秋》时，孙宝瑄更加意识到"辨学之不可不讲也，以为出言立论之条理规则而已"。⑥

由此，到清廷1904年推行的癸卯学制（见表4.2），"辨学"则成为逻辑学课程的官方名称。但与艾约瑟《辨学启蒙》属于"科学启蒙"不同，此时辨学多为文学科的课程，而非格致科，并且内容也不限于逻辑学，还包括了对应于现今语音学和语言学的"声音学"和"博

---

① 《通艺学堂章程》，载汤志钧、陈祖恩、汤仁泽编《戊戌时期教育》，上海教育出版社2007年版，第255页。
② （清）张之洞：《筹定学堂规模次第兴办折》，载璩鑫圭、唐良炎编《学制演变》，上海教育出版社2007年版，第110页。
③ 《钦定京师大学堂章程》，载璩鑫圭、唐良炎编《学制演变》，上海教育出版社2007年版，第246—248页。
④ 《钦定考选入学章程》，载璩鑫圭、唐良炎编《学制演变》，上海教育出版社2007年版，第261页。
⑤ 蔡尚思、方行编：《谭嗣同全集》，中华书局1981年版，第317、399页。
⑥ 中华书局编辑部编，童杨校订：《孙宝瑄日记》，中华书局2015年版，第830、785页。孙宝瑄写道："如西国有某律师，忘其名，一人执贽为弟子，与约曰：今先纳修金半数，俟学成助人争讼得直，然后偿其半。师许之。亡何尽得其所长辞去，数年不闻其助人讼事。师怒，乃讼其弟子于公庭。既相见，师谓之曰：今日不论尔讼之曲直，终需偿我金。讼而曲，尔服官之谕令偿我宜矣；讼而直，我之教也，如约偿我矣。弟子：今日不论讼之曲直，皆不偿尔金。讼而直，是官谕我不偿也；讼而曲，有约在，如之何其偿尔也。我国古时有事人者，所事有难而弗死也，遇故人于涂，故人曰：固不死乎？对曰：然。凡事人以为利也，不利，故不死。故人曰：子尚可以见人乎？对曰：子以死为顾可以见人乎？又秦、赵相约曰：自今以来，秦之所为，赵助之；赵所欲为，秦助之。居无何，秦兴兵攻魏，赵欲救之，秦王使人让赵王曰：秦、赵约相为助，秦攻魏而赵救之，此非约也。赵王使平原君告公孙龙，公孙龙曰：亦可以发使而让秦王曰：赵欲救之，今秦王独不助赵，此非约也。以上二事，皆见《吕氏春秋》。如此类事，皆辨学中之最堪发笑者。"

言学",被直接定位为"措词驳辨之法",《北洋师范学堂试办章程》甚至将这门"将来教授功课时论辩之用"的课程直接写为"辨学"①。尽管癸卯学制效仿日本,但日译"论理学"并未成为逻辑学课程的名称,而是被"辨学"取代。究其原因,应在于清廷在《奏定学务纲要》中专门规定:"戒袭用外国无谓名词,以存国文,端士风。……此后官私文牍一切著述,均宜留心检点……如课本日记考试文卷内有此等字样,定从摈斥。"② 如此这样,既然"中国古名辨学",使用"辨学"便是理所应当的。

表 4.2　　　　　　　　癸卯学制辨学课程开设情况③

阶段	分科	课程开设情况 (每周课程总计均为 36 小时)	解释说明
大学堂	分为八科:经学、政法、文学、医科、格致科、农科、工科、商科	经学科:"辨学"为第一、二年随意课程 文学科:"辨学"为中国史学门、万国史学门、中国文学门、英国文学门、法国文学门、俄国文学门、德国文学门、日本国文学门随意科目	"日本名论理学,中国古名辨学"
高等学堂	按照预备升入大学堂的科目分为三类	第一类学科(预备进入经学、政法、文学、商科):第二年每周2小时"心理及辨学"(准备进入经学、理学科的学生可以不修,而加课算学)	
优级师范学堂	第一年为公共科,后两年分类科(分为四类),另有加习科	公共科:每周3小时"辨学",内容为总论、演绎法、归纳法、方法学 分类科:第一类系(以中国文学、外国语为主)第三年每周3小时"辨学",内容为声音学大义、博言学大义	"以后用处甚多","外国名为论理学,亦名辨学,系发明立言著论之理,措词驳辨之法"

---

① 《北洋师范学堂试办章程》,载璩鑫圭、童富勇、张守智编《实业教育 师范教育》,上海教育出版社 2007 年版,第 689、694—695 页。

② 《奏定学务纲要》,载璩鑫圭、唐良炎编《学制演变》,上海教育出版社 2007 年版,第 500—501 页。

③ 据《奏定大学堂章程(附通儒院章程)》《奏定高等学堂章程》《奏定优级师范学堂章程》,载璩鑫圭、唐良炎编《学制演变》,上海教育出版社 2007 年版,第 357—367、338—340、419—422 页。

不过，关于"辨学"的这一规定并没有得到严格执行，如复旦公学①、龙门师范学校、北洋女子师范学堂、普通科学馆②都使用"论理"或"论理学"，甚至清廷学部 1906 年的《学部订定优级师范选科章程》中也使用了"论理学"③。但在癸卯学制的影响下，虽然《辨学名词对照表》总纂严复主张将 logic 译为"名学"，"辨学"却仍被继续使用。④ 章士钊曾根据他看到的名词馆草稿提到，当时是名词馆协修王国维"欲定逻辑为辨学"。鉴于章士钊曾在评论"辨学"这一译名时认为"辩即辨本字，二者无甚择别"⑤，且《辨学名词对照表》"表中名词取诸穆勒 System of logic、耶芳 Element lesson in logic 二书而以耶氏书为多"⑥，因而也可认为，"辨学"取自王国维 1908 年翻译的《辨学》。但值得注意的是，王国维在其翻译的《荀子之名学说》(1904)⑦ 和所写的《论近年之学术界》(1905)、《论新学语之输入》(1905)、《奏定经学科大学文学科大学章程书后》(1906) 等处均用"名学"，甚至在 1907 年谈及《逻辑学基础课程》一书时亦称之为"《名学》"。⑧ 可见，王国维对"辨学"的使用也是遵依清廷癸卯学制。当时王国维已是学部官员，而《辨学》是由

---

① 马相伯：《复旦公学章程》，载朱维铮主编《马相伯集》，复旦大学出版社 1996 年版，第 51—52 页。
② 《龙门师范学校暂定简章》《北洋女子师范学堂章程》《普通科学馆暂行章程》，载璩鑫圭、童富勇、张守智编《实业教育 师范教育》，上海教育出版社 2007 年版，第 782—783、790、800 页。
③ 《学部订定优级师范选科章程》，载璩鑫圭、唐良炎编《学制演变》，上海教育出版社 2007 年版，第 568 页。
④ 清学部编订名词馆：《辨学名词对照表》，宣统元年印，第 1 页。
⑤ 章士钊：《逻辑指要》，载《章士钊全集》第七卷，文汇出版社 2000 年版，第 297 页。
⑥ 清学部编订名词馆：《辨学名词对照表》，宣统元年印，例言。
⑦ 关于王国维系此文译者的考证，参见佛雏《王国维哲学译稿研究》，社会科学文献出版社 2006 年版，第 127 页。
⑧ 王国维：《静安文集》，载谢维扬、房鑫亮主编《王国维全集》第一卷，浙江教育出版社 2009 年版，第 121、126—129 页；王国维：《奏定经学科大学文学科大学章程书后》，载谢维扬、房鑫亮主编《王国维全集》第十四卷，浙江教育出版社 2009 年版，第 40 页；王国维：《自序》，载谢维扬、房鑫亮主编《王国维全集》第十四卷，浙江教育出版社 2009 年版，第 120 页。

学部支持翻译而用作教科书的。① 一直到 1916 年，任职于总税务司署的赫美玲（Karl Hemeling）编纂的英汉字典仍把"辨学"与名学、思理学② 共同作为 logic 的译名，并明确指出"辨学"为"部定"，即学部名词馆所确定的术语。③

二 "辨学"与"辩学"等同关系的形成

"辨学"概念内涵的延伸推动了梁启超等人对中国古代逻辑思想的挖掘。如前所述，梁启超 1896 年就曾推介过《辨学启蒙》，并且在《读西学书法》中将《辨学启蒙》《心灵学》作为"泰西又有一学派，专论脑气管往来之事"的代表。④ 也就是说，在当时的梁启超看来，辨学是研究认知、推理的西学。他甚至还曾提出，论理思想的缺乏正是先秦学派落后于古希腊学派的原因之一。⑤ 但在此之后，梁启超受孙诒让的影响，对墨辩中的逻辑学思想进行了"据西释中"式的梳理，并进一步影响到了胡适等人。⑥

---

① Elisabeth Kaske, *The Politics of Language in Chinese Education, 1895 – 1919*, Leiden: Brill, 2008, p. 270.
② "思理学"的译名出自 [英] 卜道成编译，周云路笔述《思理学揭要》，广文学校印刷所 1913 年版。
③ Karl Hemeling, *English-Chinese Dictionary of the Standard Chinese Spoken Language* (Guanhua 官话) *and Handbook for Translators, including Scientific, Technical, Modern, and Documentary Terms*, Shanghai: Statistical Department of the Inspectorate General of Customs, 1916, pp. i, 812。需要指出的是，该字典将"部定"解释为 1912 年由严复牵头的"中国教育部的一个委员会"所挑选出来的术语。相关研究通常将这一机构理解为学部名词馆，但未解释为何赫美玲写作"教育部"，以及时间为何是 1912 年；沈国威还进一步提出，严复于 1911 年 8 月 12 日将名词表交给了赫美玲。参见沈国威《近代中日词汇交流研究：汉字新词的创制、容受与共享》，中华书局 2010 年版，第 440、444—445 页；彭雷霆、古秀青《清末编订名词馆与近代逻辑学术语的厘定》，《郑州大学学报》（哲学社会科学版）2013 年第 4 期。
④ 梁启超：《读西学书法》，载夏晓虹辑《〈饮冰室合集〉集外文》，北京大学出版社 2005 年版，第 1162 页。
⑤ 梁启超：《论中国学术思想变迁之大势》，载《饮冰室合集》文集之七，中华书局 1989 年版，第 33 页。
⑥ 胡适：《墨经校注后序》，载《饮冰室合集》专集之三十八，中华书局 1989 年版，第 99 页。另见程仲棠《从诠释学看墨辩研究的逻辑学范式》，《学术研究》2005 年第 1 期。

胡适在哥伦比亚大学期间曾读到杜威（John Dewey）的《逻辑思考的诸阶段》，该文将人类和个人思想分为四个阶段：固定信念阶段、讨论阶段、从苏格拉底的法则到亚里士多德逻辑发展的阶段、科学阶段，其中"讨论阶段"的要点在于"基于好辩与公开讨论的习俗，而导致合乎逻辑的思想"。这一点让胡适大感兴趣，因为在他看来，"中文里表示有逻辑的思维叫做'辨'（'辨'与'辩'通），原来也正是这个意思"。而事实上，胡适所关注的第二阶段在杜威那里只是以"诡辩家"为代表。① 1916 年，在梁启超担任主任撰述的《大中华杂志》所连载的《辨学古遗》中，高元进一步提出了"中国辨学"的概念。关于 logic 的译名问题，高元认为王国维（而未提及艾约瑟）的"辨学"要优于论理学和名学，原因有二：一是"合于古义"，墨家正是用"辨"统称名、说、辞，"辨"是区别之意；二是"合于西名"，logic 之意为"思想之学或思想之术"，"辨"与之相符。② 可见，高元所使用的"辨学"之"辨"仍为思辨，但他特意强调了墨辩之"辩"是"辨"的通假，这就使得用"辩"代换"辨"成为可能。

和胡适、高元试图通过用"辩"类比乃至代换"辨"不同，章士钊直接将二者等同起来。尽管其在 1912 年还声称"逻辑者思辨之学"③，但在 1918 年开始讲授的《逻辑指要》（1943 年出版）中，如前所述，他就提出了"辩即辨本字，二者无甚择别"，而"辩"在墨家那里为"言学之称"。④ 由于上述三人都曾在北京大学教授逻辑学，⑤ 因而也极可能进一步推动了学界对这一等同关系的认同，这其中尤以章士钊为代表。1918 年，北京大学校长蔡元培受教育部之托，将"前清编订名词馆所编

---

① 胡适口述，唐德刚译注：《胡适口述自传》，载欧阳哲生编《胡适文集》（1），北京大学出版社 1998 年版，第 265 页。
② 高元：《辨学古遗》，《大中华杂志》1916 年第 8 期。
③ 章士钊：《释逻辑》，载《章士钊全集》第二卷，文汇出版社 2000 年版，第 211 页。
④ 章士钊：《逻辑指要》，载《章士钊全集》第七卷，文汇出版社 2000 年版，第 298 页。
⑤ 蔡元培：《〈逻辑学〉序》，载中国蔡元培研究会编《蔡元培全集》第五卷，浙江教育出版社 1998 年版，第 396 页；《高元发明"正负法律论"》，《申报》1933 年 11 月 6 日第 10 版。

各科名词表草稿五十六册"分发到学校各科研究所,以讨论名词统一事宜,其中逻辑学名词表就被交给了章士钊,① 章士钊"辩即辨本字"的评论也正是针对这一名词表提出的。1920 年,章士钊在以"秋桐"之名发表的《名学他辨》中讲道:"逻辑可译作辨学,较名学良,愚别有说",②而根据其《逻辑指要》中"吾国人之译斯名,有曰名学,曰辩学……二者相宜,愚意辩犹较宜"③ 的观点,可知章士钊此处的"辨学"实指"辩学"。

目前所发现的较晚用"辨学"指称逻辑学的著述为 1915 年刘世杰纂辑的《辨学讲义详解》。该书仍然将辨学作为一种"轨范之科学""研究形式之学",认为辨学的目的在于"辨明思想之规则,使人思想秩然有序、真诚无妄";而其尽管认可 logic "一名而兼二义,在心之意、出口之词",也承认中国古代的一些论辩符合辨学的规则,但也明确指出由于其"不知其所以然"而并非辨学。④ 在此之后,以出版于 1932 年的郭湛波《先秦辩学史》等著述为标志,"辨学"已逐渐被"辩学"替代。但是,用"辩学"指称中国古代逻辑反映不出正名思想的突出地位,往往仅限于指称墨辩中的逻辑思想,而用"名学"也不尽合理,因此,自 20 世纪40 年代末便陆续有学者用"辩学"和"名学"的合称"名辩学"或"名辩"来指称中国古代逻辑。⑤ 不过也有学者认为,辩学与名学具有明显的区别,将二者合称并不表明存在一种独立的"名辩学"。⑥ 可以看出,"辨学"的内涵在此过程中被进一步延伸,其指称西方逻辑学的内涵逐渐淡化,而是包含了更多的论辩之意,直至被认为与指称中国古代逻辑思想的"辩学"等同起来。

---

① 黄兴涛:《新发现严复手批"编订名词馆"一部原稿本》,《光明日报》2013 年 2 月 7 日第 11 版。
② 章士钊:《名学他辨》,载《章士钊全集》第四卷,文汇出版社 2000 年版,第 125 页。
③ 章士钊:《逻辑指要》,载《章士钊全集》第七卷,文汇出版社 2000 年版,第 296 页。
④ 刘世杰纂辑:《辨学讲义详解》,维新印书馆 1915 年版,第 1—9、129 页。
⑤ 周云之:《名辩学论》,辽宁教育出版社 1995 年版,第 35—46 页。
⑥ 崔清田主编:《名学与辩学》,山西教育出版社 1997 年版,第 17—26 页。

小　结

本章讨论了中国文人对归纳逻辑的理解与改造。可以看出，归纳逻辑和归纳方法之所以能够吸引中国文人的兴趣，除了富国强兵的洋务考量，一定程度上是由于部分文人被占据主导地位的科举考试排斥，并在对传统思想的信念发生动摇之时，遇到了无论在合理性还是功利性上都极具说服力的归纳逻辑与归纳科学。不过，这种知识生产的新方式虽然拒斥权威、强调个体，但并没有像在西方历史中那样与政治上的个人主义相结合。这其中当然有理解程度的制约，但更值得注意的是，也表明归纳思想的接受者更多地仍是基于传统观念而理解新思想。

从逻辑学自身来看，"辨学"这一概念起初被用于指称外来的西方逻辑学，但其内涵却在后来的使用中被延伸了。谭嗣同、梁启超、胡适、章士钊等在借鉴西方逻辑学探讨中国古代逻辑思想的过程中，逐步推动了"辨学"与"辩学"概念的等同，并将其用以特指古代中国具有的一套地方性的推理和论证规则。在"据西释中"的历史背景下，将指称中国古代逻辑的"辩学"和指称西方逻辑的"辨学"等同起来，一方面推动了西方逻辑学的传入，另一方面则为"西学中源"的主张，尤其是"中国逻辑"乃至"中国哲学"的存在[①]提供了辩护。

---

① 关于"中国逻辑"之于建构"中国哲学"的作用，参见［澳］梅约翰《诸子学与论理学：中国哲学建构的基石与尺度》，《学术月刊》2007年第4期。

结　　语

　　归纳逻辑在19世纪中国的传播，发生于中西文化碰撞的语境。即便在此之前的明清之际已然有过一波西学东渐与东学西传，但"东"与"西"的认知方式仍大致循着各自的脉络演进着，为近代更加剧烈的碰撞积蓄了能量。当带有各自地方性的中西文化相遇时，西人自然以其惯常的背景知识和价值判断来看待陌生的中国文明，同时又尝试将希望中国人接受的知识，以中国人愿意并且能够接受的话语表达出来。而晚清中国的统治阶层和文人群体对外来思想也并非单纯地拒之门外或照搬效仿，而是基于自身的传统观念进行认识理解。双方在文化碰撞中基于中西比较的相互诠释，为进一步观察各自的认知模式及其会通提供了可能。

　　在归纳逻辑本土化的过程中，由于智识背景、社会身份、动机策略等方面的差异，形成了译者对归纳逻辑的多元诠释和读者的多元理解。因此，即便这一时期归纳逻辑概念的译介很快被以"内籀"为代表的严译和以"归纳"为代表的日译取代，并且按现今的评判标准被认为是不准确、欠简洁或不利传播的，但仍然成为理解归纳逻辑乃至西学本土化进程的重要切入点。在慕维廉、艾约瑟、颜永京、傅兰雅等译者提供的"格物致知""格致新理""格致新法""格致新机""即物察理之辨论""充类""引进辨实""希卜梯西""类推之法"等术语之中，多数是在本土既有话语中为外来思想寻找的对应概念。之所以如此，其一是因为译介过程本身就有王韬、沈毓桂等中国文人的参与，甚至颜永京的主导，他们会自觉地将陌生思想置于熟悉的本土概念框架之中；其二是作为一种传播策略，避免中西思想的直接抵触，推动中国文人理解并接纳。而从影响上来看，使用既有概念进行译介固然可以推动新思想的传播，但也会造成理解上的歧义，毕竟传播对象仍然习惯于按照概念的原有含义进行理解。由此，逻辑学概念在"西学中源"的背景中从"辨学"演变为"辩学"，从而为论证"中国逻辑"乃至"中国哲学"的存在提供了支撑。

在上述用于指称外来归纳逻辑思想的本土概念中，被借用最多的无疑是"格物穷理"。据此可以认为，"格物穷理"在当时被视为与归纳方法最为接近的中国智识传统。而如果说"格物穷理"更多呈现的是一种认识世界的理念，"推上之法""引进""充类""类推"等本土概念则体现了在推演形式上与归纳推理的相似性。不过，随着归纳逻辑译介内容的深入，"屑录集成""希卜梯西"等音译概念的出现又凸显出归纳逻辑之于中国传统思想的异质性。

从"格致新理""格致新法"概念介于"格致自身"和"合乎格致"之间的歧义，到"相因之事""相因智慧"概念的混用，可以看出，归纳逻辑的译者和读者都更为注重引入既成的科学知识和技术，而对认识论和方法论问题关注较少。[①] 从译者的角度来讲，他们承认归纳推理以及归纳逻辑之于科学研究的价值，但主要旨在论证西方基督文明的合理性与功用性，而没有进一步发展到对译介归纳逻辑规则的重视。从本土读者的角度来看，这一时期中国文人对归纳科学和归纳推理的接纳，除了出于对国家富强的追求，一定程度上也是由于以王韬等"口岸知识分子"为代表的部分文人在科举体制中被边缘化，从而主张一种拒斥权威、强调个体的知识生产方式。不过，由于这一群体仍立足于传统政治理念，

---

① 类似的倾向亦可见于明末清初耶稣会士同时用"理"指称"理智"和"原理"，以及中国现当代史中对"科学"的混用。

对个人主义的推崇就更多保留在科学范围内，对社会运行秩序变革的影响则相对有限。①

归纳逻辑在19世纪中国的会通，也为经典的不可通约性和不可翻译性问题提供了新的素材。在库恩（Thomas Samuel Kuhn）看来，"两个人以不同的方式感知同一情形，而又使用同样的词汇去讨论，他们必然以不同的方式使用这些词汇"。②并且正如库恩所指出的，他和费耶阿本德一样否认"在一个理论的术语之基础上定义另一个理论的术语"的可能性，但费耶阿本德"把不可通约性限定在语言上"，而库恩则认为在"方法、问题域和解答标准上"都存在着区别。③不过，相比较库恩所讨论的现代科学和中世纪科学两种范式之间的不可通约性，④中国传统格致和西方现代科学两种认知模式之间的鸿沟可能更为明显；相比于蒯因（Willard Van Orman Quine）例举的英文rabbit与土著语言gavagai对不同对象指称的不可翻译性，⑤中英文这两种高度发达的语言在抽象问题上的指称关系也更为复杂。尽管如此，在归纳逻辑入华过程中，不同认知形式和不同语言习惯之间的相互理解仍然实实在在地发生了。事实上，库恩也曾指出："说两个理论不可通约，也就是说不存在这样一种语言，不管中立与否，两个由一系列语句构成的理论可以毫无保留或毫无损失地翻译成这种语言。"⑥本书所展示的这种"通约"和"翻译"当然是不彻

---

① 这种认识论个人主义与政治个人主义之间的张力在20世纪的中国仍然存在，参见 Zuoyue Wang, "Saving China through Science: The Science Society of China, Scientific Nationalism, and Civil Society in Republican China", *Osiris*, Vol. 17, 2002, pp. 291–322; Cong Cao, *China's Scientific Elite*, London: Routledge Curzon, 2004, pp. 136–159.

② [美]库恩：《科学革命的结构》，金吾伦、胡新和译，北京大学出版社2012年版，第167—168页。

③ [美]库恩：《结构之后的路》，邱慧译，北京大学出版社2012年版，第24页。

④ [美]库恩：《科学革命的结构》，金吾伦、胡新和译，北京大学出版社2012年版，第124—126页。

⑤ [美]蒯因：《语词和对象》，陈启伟、朱锐、张学广译，中国人民大学出版社2005年版，第27—83页。

⑥ [美]库恩：《结构之后的路》，邱慧译，北京大学出版社2012年版，第26页。

底的,但站在全球史的视角,文化、社会、语言、文明或地理边界总是会被弥合起来,不同的智识文化之间仍然是可以互相理解的[①]——并且是必要的。

[①] Samuel Moyn and Andrew Sartori, "Approaches to Global Intellectual History", in Samuel Moyn and Andrew Sartori, eds., *Global Intellectual History*, New York: Columbia University Press, 2013, p. 9.

附　　录

附录1　"科学启蒙"（Science Primers）丛书及其晚清时期汉译版本信息[①]

书名	作者	中译	译者
《导论》（1880）	赫胥黎（Thomas Henry Huxley）	《格致总学启蒙》（1886）	艾约瑟（Joseph Edkins）
		《格致小引》（1886）	罗亨利（Henry Brougham Loch）、瞿昂来
《化学》（1872）	罗斯科（Henry Enfield Roscoe）	《格致启蒙·化学》（?）	林乐知（Young John Allen）、郑昌棪
		《化学启蒙》（1886）	艾约瑟
《物理学》（1872）	斯特沃特（Balfour Stewart）	《格致启蒙·格物学》（1880）	林乐知、郑昌棪
		《格致质学启蒙》（1886）	艾约瑟
		《物理学新书》（1903）	范迪吉
《自然地理学》（1873）	盖基（Archibald Geikie）	《格致启蒙·地理》（?）	林乐知、郑昌棪
		《地理质学启蒙》（1886）	艾约瑟
《地质学》（1874）		《地学启蒙》（1886）	艾约瑟

[①] 制表时参考了王扬宗《赫胥黎〈科学导论〉的两个中译本——兼谈清末科学译著的准确性》，《中国科技史料》2000年第3期；Iwo Amelung, "Some Notes on Translations of the *Physics Primer* and Physical Terminology in Late Imperial China"，《或问》（日）2004年第8期；刘钝《维多利亚科学一瞥——基于两种陈说的考察》，《中国科技史杂志》2013年第3期。

续表

书名	作者	中译	译者
《生理学》(1874)	福斯特(Michael Foster)	《身理启蒙》(1886)	艾约瑟
《天文学》(1874)	洛克耶(Norman Lockyer)	《格致启蒙·天文学》(1880)	林乐知、郑昌棪
		《天文学启蒙》(1886)	艾约瑟
《植物学》(1876)	胡克(Joseph Hooker)	《植物学启蒙》(1886)	艾约瑟
《逻辑学》(1876)	耶方斯(William Stanley Jevons)	《辨学启蒙》(1886)	艾约瑟
		《名学浅说》(1909)	严复
《政治经济学》(1878)		《富国养民策》(1886)	艾约瑟

附录2 《基督教新教传教士在华名录》中自然科学出版物详表

名称	年份	传教士	分类	出版地
《英吉利国新出种痘奇书》	1805	罗存德	医学	香港
《西游地球闻见略传》	1819	马礼逊	地理学	马六甲
《地理便童略传》	1819	麦都思	地理学	广州
《全地万国纪略》	1822	米怜	地理学	马六甲
《万国地理全集》	1838	郭实猎	地理学	新加坡
《问答俗话》	1840	罗孝全	地理学+宗教	澳门
《地球图说/地球说略》	1848	伟理哲	地理学	宁波
《天文问答》	1849	哈巴安德	天文学	宁波
《指南针》	1849	胡德迈	地理学	宁波
《博物新编》	1849、1855	合信	综合	广州
《博物通书》	1851	玛高温	物理学	宁波
《格物穷理问答》	1851	慕维廉	综合	上海
《全体新论》	1851	合信	医学	广州
《地理学》	1852	丁韪良	地理学	宁波
《算法全书》	1852	蒙克利	数学	香港

续表

名称	年份	传教士	分类	出版地
《咸丰二年十一月初一日日食单》	1852	艾约瑟	天文学	上海
《日食图说》	1852	玛高温	天文学	宁波
《地图册和地理问答集》	1853	丁韪良	地理学	宁波
《航海金针》	1853	玛高温	地理学	宁波
《地理全志》	1853、1854	慕维廉	地理学	上海
《数学启蒙》	1853	伟烈亚力	数学	上海
《地理全志》	1854	慕维廉	地理学	上海
《天道溯原》	1854	丁韪良	综合+宗教	宁波
《算法概通》	1854	丁韪良	数学	宁波
《天文问答》	1854	卢公明	天文学	福州
《地理新志》	1855	罗存德	地理学	香港
《智环启蒙塾课初步》	1856	理雅各	综合	香港
《设数求真》	1856	湛约翰	数学	香港
《地球图说略》	1857	万为	地理学	福州
《续几何原本》	1857	伟烈亚力	数学	上海
《西医略论》	1857	合信	医学	上海
《福州市及郊区地图》	1857	万为	地理学	福州
《重学浅说》	1858	伟烈亚力	物理学	上海
《妇婴新说》	1858	合信	医学	上海
《内科新诚》	1858	合信	医学	上海
《地理略论》	1859	俾士	地理学	广州
《代数学》	1859	伟烈亚力	数学	上海
《代微积拾集》	1859	伟烈亚力	数学	上海
《谈天》	1859	伟烈亚力	天文学	上海
《重学》	1859	艾约瑟	物理学	上海
《论发冷小肠疝两症》	1859	嘉约翰	医学	广州
《植物学》	1859	韦廉臣	植物学	上海
《家用良药》	1860	罗孝全	医学	广州
《经验奇症略述》	1860	嘉约翰	医学	广州
《犹太地图》	1861	打马字	地理学	厦门

续表

名称	年份	传教士	分类	出版地
《地球全图》	1864	艾约瑟	地理学	北京
《奇症略述》	1864、1866	嘉约翰	医学	广州
《地理问答》	1865	江德	地理学	广州
《西国算学》	1866	基顺	数学	福州
《论接种疫苗》	不详	嘉约翰	医学	不详

附录3　归纳逻辑早期中文译介译者序

《格致新理》自序①

曾子作《大学》一书，为初学入德之门。明明德之功，必以格物致知为先，而诚意正心修身继其后。千古遗传，大矣备矣，然而犹未及乎天也、犹未赅乎物也。朱子所谓推极吾之知识，欲其所知无不尽，穷知事务之理，欲其极处无不到。盖人心之灵，莫不有知；而天下之物，莫不有理。若不因其已知之理，而求其未知之理，循此而造乎极，则必于理有未穷、而于知有不尽矣。

今余译《格致新理》一书，揭其未知之理，穷其理而造其极，于是其道赅矣，其本得矣。扩充《大学》明德之功，益广格物致知之理。惟华人徒沾沾诗书六艺之文，不究夫大本大原之旨，而孰知政事学问之外，更有进焉？必从事物推乎上，而归乎大原，又从本原推于下，而赅于格物。若能格物穷理、推原其本，则道大日新、获益无穷矣。

格致之法有二：一推上归其本原，一推下包乎万物。此二法在西国兼用之而得其益。论推上之法，从地下万物归于上；推下之法，从天上本原

---

① 原载［英］慕维廉《格致新理自、原序》，《益智新录》1876年第1期。据奥地利国家图书馆馆藏《益智新录》整理，此线索出自沈国威《奥地利国家图书馆藏近代汉译西书》，《或问》（日）2005年第10期。该序言在《格致新机》中以"格致新机重修诸学自序"为题出现，相较此版本有轻微改动。

畀于下。二者兼全而足据者也。从推下之意，可究其推上之实，毫发不遗。万物皆上帝创造。人若舍本就末、不归上帝，而惟归一理，岂非天良渐减、人心泪没者哉？夫万物有当然之理，系乎天。天者，非清气之天，乃天上之主，即上帝也。万物本乎上帝，其道甚大，其理甚精，放之则弥六合，卷之则退藏于密。其味无穷，皆实学也。中华士人当格致天地万物，学其大道，而从其妙意。是书阐明其法，相辅而成，扫除世间之习俗，与内心之旧染，光烛夫寰区，而开新路于中原，岂非大幸者哉？

是书系明朝万历年间，英国刑部尚书，贝庚所著也。日积月累，穷搜要领，致力成书。窃思中原格致惟行旧法，而不全贬，故易新法，细推其理，足称美备。惟初行是书，人皆扞格，迨后渐兴与通晓其理。今遝迩信从，而士人于格致之理，亦皆开聪益智。考中华格致，与外国昔日相同，必当开一新法，而寻究夫理者，则大有裨益焉。更有一事，格物之学，非关乎性理天道也。因格物系乎外，而性理系乎内，故曰率性为道。性具于内，而探良心与理心者，而性理可明证也。若欲溯原天道，幸有圣教一书，由天默示，足增聪慧，学其道而亲其光，则日进夫高明之境。

兹译是书，载于《益智新录》中，详推夫理，逐一分列。窃愿士人朝考夕稽、玩索有得，其获益岂浅鲜哉？

英国慕维廉撰

《格致新机》序[①]

呜呼！今世知格致之理、明格致之法者，抑何鲜耶！然而不能不为世人谅者。五彩彰施，瞽者固无由睹其色；八音迭奏，聋者固无由聆其音。彼其人未读西书，未交西士，聪明锢蔽，才识迂疏，虽有格致之理、格致之法，既苦不知，曷从讲肄？更何冀其精能耶？

英国刑部尚书贝根著有《格致新理》一书，推本穷源，剖毫析芒，足

---

① （清）沈寿康：《格致新机序》，载［英］慕维廉《格致新机》，光绪十四年同文书会印。

以破愚，足以益智，而卒未能嘉惠来学者，其故在是。慕师维廉知之，向曾与余翻译华文，风雨晦明，一编坐对，或穷晰其理，或详译其词，或衍其未竟之端，或探其未宣之蕴。其意以人人共知其理、共明其法为究竟。是编一出，世之迷而不晤者，当必豁然开朗。如行路然，有先行者引以入胜，而道途之曲折可谙；如尝食然，有先尝者饫以余甘，而肴馔之珍奇可悉。贝君著是书之功，不赖慕师而始显耶？

今慕师又将是书排印，俾广流传，并易其名为《格致新机》，嘱余弁首。机缄一启，日新又新，皆以是编为缘起。余虽弇鄙，固乐得而志之。

光绪十四年岁次戊子先立夏三日
吴江八十一老人沈寿康书

《辨学启蒙》序①

首创辨学者，为希腊国阿利多低利，中华战国时人也。广搜博考，极深研几，文学中格致诸学术，莫不殚心探讨，为平服波斯国亚利散大王之师傅。王率师东行，几至葱岭西麓，所至处有新得奇物，必遣使齐缴阿氏以备著博物书，采取劝人议事之舌辨学，并是卷分别妥否之论辨学，俱始编于彼也。由伊时以迄于今，泰西诸国大书院学士均攻读，与前明万历年间利玛窦译成华文之《辨学遗牍》迥不侔耳。是卷原文乃英伦敦书院原任教习哲分斯所著，于丙戌岁迪谨氏艾约瑟译为华文。

《心灵学》序②

盖人为万物之灵，有情欲，有志意。故西士云，人皆有心灵也。人有心灵，而能知、能思、能因端而启悟、能喜忧、能爱恶、能立志以行事。

---

① ［英］艾约瑟：《辨学启蒙序》，载［英］哲分斯《辨学启蒙》，［英］艾约瑟译，光绪丙戌年总税务司署印。
② （清）颜永京：《心灵学序》，载［美］海文《心灵学》，（清）颜永京译，光绪十五年益智书会印。

夫心灵学者，专论心灵为何，及其诸作用。夫固备详其义，学者当以之为根本也。

西国书院之例，童生肄业，凡四年。至季年知识宏开，然后从事于此。余昔游学美国，曾读之，而知其书之裨益良多。前在圣约翰书院，曾逐日将大略翻译汉文，教授后学，而学者似乎得其益处。予以为凡肄业者，欲立为学之本，不可不读是书。爰将前译者选词考义，补辑成书，颜曰《心灵学》。其中许多心思，中国从未论及，亦无各项名目，故无称谓以达之。予姑将无可称谓之字，勉为联结，以新创称谓。读是书者，从外面以窥，似属模糊莫辨，而精心以究，不难贯澈由来，庶其谅之。西国论心灵学者，不一其人，而论法各异。予独爱名儒海文氏之作，议论风生，考据精详，窃取以为程式，而译言之。其间文气或不雅驯，所创之称谓或不的确，实由创译之故。后有博学君子，将是书精益求精，译文进于美备，是则予之所深望也夫。

光绪十五年岁次己丑清和月颜永京自序

附录4　英人倍根[①]

倍根，英国大臣也。生于明嘉靖四十年，少具奇慧，聪警罕俦，既长，于格致之学心有所得。生平著述甚多。其为学也，不敢以古人之言为尽善，而务在自有所发明，其立言也，不欲取法于古人，而务极乎一己所独创。其言古来载籍，乃糟粕耳。深信胶守，则聪明为其所囿。于是澄思渺虑，独察事物以极其理，务期于世有实济，于人有厚益。盖明泰昌元年，倍根初著《格物穷理新法》，前此无有人言之者。其言务在实事求是，必考物以合理，不造理以合物，倍根仕于英王惹述斯第六朝，其时朝政不纲，群奸当道。倍根无所匡正，惟揽权黩货是闻。英一千六百十七年，上院首辅依

---

① 原载（清）王韬《瓮牖余谈》，光绪元年申报馆印，卷二第9b—10b页。

勒斯米莞，倍根代之。英王封此世爵，号巴伦弗鲁蓝，颇宠任焉。一千六百二十一年正月，巴力门集议，言王政多病民，廷议诸官府不法事，倍根与焉。时倍根官盏瑟勒，掌王诏令，行国律法。王方深倚畀，不欲卒究其事。倍根不能弥众议，自受其罪，冀以求宥于众。上下两院公议黜倍根职，且下之狱，捐金赎罪，王不许，仅使去位闲居而已。越四年，倍根死，年六十五岁。迹倍根生平为人，交友则忘恩，秉政则受赂，其人固碌碌无足取也。然其所著之书，则后二百五年之洪范也。西国谈格物致知之学者，咸奉其书为指归。其后哈尔非始为血络周流之学，医术为之一变。观象仪器，其制更精，其术益验。于是哈略测日面有黑点，又有人测水星过日面，为今时新法之证。纽敦始为光学，客勒格力始为远镜，兼始造反照之器，弗蓝斯得始明行星、定星旋转排列之理，哈力始考察彗星往还，别一轨道，按时而至。英国诸学蒸蒸日上，无不勤察事物，讲求真理，祖倍根之说参悟而出。盖倍根之前，专心于学者，如磨旋之牛，徒费力行，莫出跬步。自倍根辟其机缄，启其橐钥。于是医法日新而治病多效，农具巧而播种省工。观天文，察地理，他如测远镜、量天尺、电气标、报时表、火轮机、轻气球、潜水钟，诸器之有裨于人者，指不胜屈。此皆效之共见者也。英国自巨绅显宦，下逮细民，共习倍根之书，然皆钦其学，而薄其行，殆爱而知其恶者欤。言固不必以人废，而公是非百世不能掩焉。

参考文献

一 原始资料与史料汇编

（宋）程颢、程颐著，王孝鱼点校：《二程集》，中华书局1981年版。

（宋）黎靖德编，王星贤注解：《朱子语类》，中华书局1986年版。

（宋）朱熹：《四书章句集注》，中华书局2011年版。

（明）徐光启撰，王重民辑校：《徐光启集》，中华书局1963年版。

（清）陈士芸：《银冈书院捐添经费建修斋房记》，载李奉佐主编《银冈书院》，春风文艺出版社1996年版。

（清）葛士浚编：《皇朝经世文续编》，台北：文海出版社1966年影印本。

（清）何良栋辑：《皇朝经世文四编》，台北：文海出版社1966年影印本。

（清）纪昀、陆锡熊、孙士毅等：《钦定四库全书总目（整理本）》，中华书局1997年版。

（清）纪昀著，韩希明译注：《阅微草堂笔记》，中华书局2014年版。

（清）麦仲华辑：《皇朝经世文新编》，台北：文海出版社1966年影印本。

（清）王韬：《弢园文录外编》，上海书店出版社2002年版。

（清）王韬：《瓮牖余谈》，光绪元年申报馆印。

（清）王韬、（清）顾燮光等编：《近代译书目》，国家图书馆出版社2003年影印版。

（清）王韬撰，田晓春辑：《王韬日记新编》，上海古籍出版社2020年版。

（清）章梫纂：《康熙政要》，台北：华文书局股份有限公司1969年影印本。

参考文献

安双龙编译：《清初西洋传教士满文档案译本》，大象出版社 2014 年版。

北京大学中国语言学研究中心：《CCL 语料库（古代汉语）》，2009 年 7 月 20 日，http：//ccl. pku. edu. cn：8080/ccl_ corpus/index. jsp？dir = gudai，最后访问日期：2014 年 2 月 17 日。

蔡尚思、方行编：《谭嗣同全集》，中华书局 1981 年版。

陈晓芬、徐儒宗译注：《论语·大学·中庸》，中华书局 2015 年版。

方克立主编：《中国哲学大辞典》，中国社会科学出版社 1994 年版。

方勇译注：《孟子》，中华书局 2015 年版。

冯自由：《冯自由回忆录：革命逸史》，东方出版社 2011 年版。

高平叔撰著：《蔡元培年谱长编》，人民教育出版社 1999 年版。

高时良、黄仁贤编：《洋务运动时期教育》，上海教育出版社 2007 年版。

高元：《辨学古遗》，《大中华杂志》1916 年第 8 期。

汉语大词典编纂处整理：《康熙字典（标点整理本）》，汉语大词典出版社 2002 年版。

黄河清编著：《近现代辞源》，上海辞书出版社 2010 年版。

黄河清编著：《近现代汉语辞源》，上海辞书出版社 2020 年版。

黄兴涛、王国荣编：《明清之际西学文本：50 种重要文献汇编》，中华书局 2013 年版。

金炳华主任：《哲学大辞典（分类修订本）》，上海辞书出版社 2007 年版。

《近现代汉语新词词源词典》编辑委员会编：《近现代汉语新词词源词典》，汉语大词典出版社 2001 年版。

梁启超：《饮冰室合集》，中华书局 1989 年版。

梁小进主编：《郭嵩焘全集》，岳麓书社 2018 年版。

刘世杰纂辑：《辨学讲义详解》，维新印书馆 1915 年版。

《鲁迅全集》，人民文学出版社 2005 年版。

《逻辑学辞典》编辑委员会编：《逻辑学辞典》，吉林人民出版社 1983 年版。

苗力田主编：《亚里士多德全集》，中国人民大学出版社 1990 年版。

欧阳哲生编：《胡适文集》，北京大学出版社1998年版。

彭漪涟、马钦荣主编：《逻辑学大辞典》，上海辞书出版社2010年版。

清学部编订名词馆：《辨学名词对照表》，宣统元年印。

璩鑫圭、唐良炎编：《学制演变》，上海教育出版社2007年版。

璩鑫圭、童富勇、张守智编：《实业教育 师范教育》，上海教育出版社2007年版。

上海市档案馆编：《上海市档案馆馆藏中国近现代档案史料选编》，上海书店出版社2020年版。

上海图书馆编：《格致书院课艺》，上海科学技术文献出版社2016年影印本。

沈国威编著：《六合丛谈：附解题·索引》，上海辞书出版社2006年版。

汤志钧、陈祖恩、汤仁泽编：《戊戌时期教育》，上海教育出版社2007年版。

王国维：《倍根小传》，《教育世界》1907年第160期。

王力：《同源字典》，商务印书馆1982年版。

王栻主编：《严复集》，中华书局1984年版。

王扬宗编校：《近代科学在中国的传播——文献与史料选编》，山东教育出版社2009年版。

夏东元编：《郑观应集》，上海人民出版社1982年版。

夏晓虹辑：《〈饮冰室合集〉集外文》，北京大学出版社2005年版。

谢维扬、房鑫亮主编：《王国维全集》，浙江教育出版社2009年版。

熊月之主编：《晚清新学书目提要》，上海书店出版社2007年版。

徐宗泽：《明清间耶稣会士译著提要》，上海书店出版社2010年版。

薛毓良、刘晖桢编校：《钟天纬集》，上海交通大学出版社2018年版。

张岱年主编：《中国哲学大辞典（修订本）》，上海辞书出版社2014年版。

张西平等主编：《梵蒂冈图书馆藏明清中西文化交流史文献丛刊》第1辑，大象出版社2014年版。

张元方:《序》,载［英］艾约瑟《西学略述》,光绪丙申年上海著易堂书局发兑。

《章士钊全集》,文汇出版社 2000 年版。

中国蔡元培研究会编:《蔡元培全集》,浙江教育出版社 1998 年版。

《中国大百科全书·哲学》,中国大百科全书出版社 1987 年版。

中国第一历史档案馆整理:《康熙起居注》,中华书局 1984 年版。

中华书局编辑部编,童杨校订:《孙宝瑄日记》,中华书局 2015 年版。

朱维铮主编:《马相伯集》,复旦大学出版社 1996 年版。

［比］南怀仁:《穷理学》,康熙二十二年抄本。整理本见［比］南怀仁集述《穷理学存(外一种)》,宋兴无、宫云维等校点,浙江大学出版社 2016 年版。

［比］钟鸣旦、［比］杜鼎克、［法］蒙曦主编:《法国国家图书馆明清天主教文献》,台北利氏学社 2009 年版。

［德］康德:《未来形而上学导论》,庞景仁译,商务印书馆 1982 年版。

［美］丁韪良:《汉学菁华:中国人的精神世界及其影响力》,沈弘译,世界图书出版公司 2009 年版。

［美］丁韪良:《西学考略:附二种(职方外纪 坤舆图说)》,赖某深校点,岳麓书社 2016 年版。

［美］海文:《心灵学》,(清)颜永京译,光绪十五年益智书会印。整理本见［美］海文《心灵学》,(清)颜永京译,赵璐校注,南方日报出版社 2018 年版。

［美］赖德烈:《基督教在华传教史》,雷立柏、瞿旭彤、静也等译,香港:道风书社 2009 年版。

［意］高一志著,［法］梅谦立编注,谭杰校勘:《童幼教育今注》,商务印书馆 2017 年版。

［意］利玛窦:《利玛窦书信集》,文铮译,商务印书馆 2018 年版。

［意］利玛窦:《耶稣会与天主教进入中国史》,文铮译,［意］梅欧金校,

商务印书馆 2014 年版。

［英］艾约瑟：《西学略述》，光绪丙戌年总税务司署印。整理本见［英］艾约瑟等《西学启蒙两种》，赖某深校点，岳麓书社 2016 年版；［英］弗里曼《〈欧洲史略〉〈西学略述〉校注》，［英］艾约瑟编译、编著，王娟、陈德正校注，商务印书馆 2018 年版；［英］艾约瑟、［美］丁韪良《西学略述 西学考略》，肖清和、吕飞跃校注，南方日报出版社 2020 年版。

［英］卜道成编译，周云路笔述：《思理学揭要》，广文学校印刷所 1913 年版。

［英］棣麽甘：《代数学》，［英］伟烈亚力口译，李善兰笔受，咸丰己未年墨海书馆印。

［英］傅兰雅：《理学须知》，光绪二十四年上海格致书室发售。

［英］盖基：《地理质学启蒙》，［英］艾约瑟译，光绪丙戌年总税务司署印。

［英］赫胥黎：《格致总学启蒙》，［英］艾约瑟译，光绪丙戌年总税务司署印。

［英］侯失勒：《谈天》，［英］伟烈亚力口译，（清）李善兰删述，咸丰己未年墨海书馆印。

［英］胡克：《植物学启蒙》，［英］艾约瑟译，光绪丙戌年总税务司署印。

［英］胡威立：《重学》，［英］艾约瑟口译，（清）李善兰笔述，同治五年金陵书局印。

［英］李提摩太：《亲历晚清四十五年：李提摩太在华回忆录》，李宪堂、侯林莉译，天津人民出版社 2005 年版。

［英］罗斯科：《化学启蒙》，［英］艾约瑟译，光绪丙戌年总税务司署印。

［英］马礼逊编：《马礼逊回忆录》，杨慧玲等译，大象出版社 2019 年版。

［英］米怜：《新教在华传教前十年回顾》，北京外国语大学中国海外汉学研究中心翻译组译，大象出版社 2008 年版。

［英］密尔：《论自由》，许宝骙译，商务印书馆 1959 年版。

［英］慕维廉：《格物穷理问答》，咸丰元年墨海书馆印。

［英］慕维廉：《格致新机》，光绪十四年同文书会印。整理本见［英］培根《格致新机 格致新法》，［英］慕维廉、沈毓桂译，马永康校注，南方日报出版社 2021 年版。

［英］穆勒：《穆勒名学》，严复译，商务印书馆 1981 年版。

［英］培根：《新工具》，许宝骙译，商务印书馆 1984 年版。

［英］休谟：《人性论》，关文运译，商务印书馆 1980 年版。

［英］耶方斯：《名学浅说》，严复译，商务印书馆 1981 年版。

［英］哲分斯：《辨学启蒙》，［英］艾约瑟译，光绪丙戌年总税务司署印。整理本见［英］杰文斯《辨学启蒙》，［英］艾约瑟译，吕飞跃校注，南方日报出版社 2021 年版。

《出版史料》

《格致汇编》

《申报》

《万国公报》

《新民丛报》

《益智新录》

《中西闻见录》

Bacon, F., *The Novum Organon; or, A true Guide to the Interpretation of Nature*, Kitchin, G. W. trans., Oxford: The University Press, 1855.

Bacon, F., *The Works of Francis Bacon*, Vol. IV and Vol. V, Shaw, P. trans., London: M. Jones, 1815.

Bacon, F., *The Works of Francis Bacon*, Vol. VIII, Spedding, J., Ellis, R. L. and Heath, D. D., eds., Boston: Taggard & Thompson, 1863.

Ballantyne, J. R., *An Explanatory Version of Lord Bacon's Novum Organum*, Mirzapore: Orphan School Press, 1852.

Boston Society for the Diffusion of Useful Knowledge, *The American Library of Useful Knowledge*, Vol. I, Boston: Stimpson and Clapp, 1831.

Chen, X. and Han, R., eds., *Archives of China's Imperial Maritime Customs: Confidential Correspondence between Robert Hart and James Duncan Campbell, 1874-1907*, Beijing: Foreign Languages Press, 1990. 中译本见陈霞飞主编《中国海关密档——赫德、金登干函电汇编（1874—1907）》，中华书局1990年版。

Committee of the Educational Association of China, *Technical Terms, English and Chinese*, Shanghai: American Presbyterian Mission Press, 1904.

Darwin, C., *Autobiographies*, London: Penguin Classics, 2002. 中译本见［英］达尔文《达尔文回忆录》，毕黎译注，商务印书馆2015年版。

Documents Illustrative of the Origin, Development, and Activities of the Chinese Custom Service, Vol. I: *Inspector General's Circulars, 1861 to 1892*, Shanghai: Statistical Department of the Inspectorate General of Customs, 1937.

Edkins, J., *Introduction to the Study of the Chinese Characters*, London: Trübner & Company, 1876.

Educational Association of China, *Descriptive Catalogue and Price List of The Books, Wall Charts, Maps, et.*, Shanghai: American Presbyterian Mission Press, 1894.

Geikie, A., *Physical Geography*, London: Macmillan and CO., 1873.

Giles, H. A., *A Chinese-English Dictionary*, Shanghai: Kelly & Walsh, limited, 1892.

Haven, J., *Mental Philosophy: Including the Intellect, Sensibilities, and Will*, Boston: Gould and Lincoln, 1858.

Hemeling, K., *English-Chinese Dictionary of the Standard Chinese Spoken Language (Guanhua 官话) and Handbook for Translators, including Scientific, Technical, Modern, and Documentary Terms*, Shanghai: Statistical

Department of the Inspectorate General of Customs, 1916.

Herschel, J. F. W., "Whewell on Inductive Sciences", *The London Quarterly Review*, Vol. 68, June 1841.

Hooker, J., *Botany*, London: Macmillan and CO., 1876.

Hoppus, J., *An Account of Lord Bacon's Novum Organon Scientiarum*; *Or, New Method of Studying the Sciences*, London: Bladwin, Cradock and Joy, 1827.

Huxley, *Introductory*, London: Macmillan and CO., 1880.

Huxley, L., *Life and Letters of Thomas Henry Huxley*, New York: D. Appleton and Company, 1900.

Jevons, H. A. ed., *Letters and Journal of W. Stanley Jevons*, London: Macmillan, 1886.

Jevons, W. S., *Logic*, London: Macmillan and CO., 1876.

Mill, J. S., *A System of Logic, Ratiocinative and Inductive: Being a Connected View of the Principles, and the Methods of Scientific Investigation*, Eighth edition, London: Longmans, Green, Reader, and Dyer, 1872. 部分中译见［英］密尔《论归纳法的根据》，夏国军译，载陈波主编《逻辑学读本》，中国人民大学出版社2009年版，第236—248页；［英］穆勒《逻辑体系（1）》，郭武军、杨航译，上海交通大学出版社2014年版。

Mill, J. S., *Autobiography*, London: Oxford University Press, 1928. 中译本见［英］穆勒《约翰·穆勒自传》，吴良健、吴衡康译，商务印书馆1998年版。

Milne-Edwards, H., *A Manual of Zoology*, Knox, R. trans., London: Henri Renshaw, 1856.

Morrison, R., *A Dictionary of the Chinese Language, in Three Parts*, Macao: The Honorable East India Company Press, 1815–1823.

Muirhead, W., *China and the Gospel*, London: James Nisbet and Co., 1870.

Records of the General Conference of the Protestant Missionaries of China,

Shanghai: American Presbyterian Mission Press, 1890. 部分中译见［英］傅兰雅《科学术语：目前的分歧与走向统一的途径》，孙青、海晓芳译，《或问》(日) 2009 年第 16 期；［英］韦廉臣《学校教科书委员会的报告》，载朱有瓛、戚名琇、钱曼倩等编：《教育行政机构及教育团体》，上海教育出版社 2007 年版。

Roscoe, H. E., *Chemistry*, London: Macmillan and CO., 1872.

Shastri, V. and Ballantyne, J. R., *An Explanatory Version of Lord Bacon's Novum Organum in Sanskrit and English*, Benares: Recorder Press, 1852.

Smith, R. J., Fairbank, J. K. and Bruner, K. F., eds., *Robert Hart and China's Early Modernization: His Journals, 1863 – 1866*, Cambridge (Mass.): Harvard University Press, 1991.

Tih, S., *The English and Chinese Students Assistant, Or Colloquial Phrases, Letters (etc.) in English and Chinese*, Malacca: Mission Press, 1826.

Whewell, W., *On the Philosophy of Discovery: Chapters Historical and Critical*, London: John W. Parker and Son, West Strand, 1860. 中译本见［英］休厄尔：《科学发现的哲学——历史与节点》，韩阳译，湖北科学技术出版社 2016 年版。

Whewell, W., *The Philosophy of the Inductive Sciences: Founded upon Their History*, London: John W. Parker, West Strand, 1840.

Williams, S. W., *A Syllabic Dictionary of the Chinese Language*, Shanghai: American Presbyterian Mission Press, 1874.

Williams, S. W., *The Middle Kingdom: A Survey of the Geography, Government, Education, Social Life, Arts, Religion, &c., of the Chinese Empire and Its Inhabitants*, Vol. II, New York: Wiley and Putham, 1848. 中译本见［美］卫三畏《中国总论》，陈俱译，上海古籍出版社 2014 年版。

Wylie, A., *Memorials of Protestant Missionaries to the Chinese: Giving a List of Their Publications, and Obituary Notices of the Deceased. With Copious*

Indexes, Shanghai: American Presbyterian Mission Press, 1867. 中译本见〔英〕伟烈亚力《基督教新教传教士在华名录》，赵康英译，天津人民出版社 2013 年版。

Chinese Repository（《中国丛报》）

The Chinese Recorder and Missionary Journal（《教务杂志》）

二 研究文献

曹南屏：《新书、新学与新党：清末读书人群体身份认同的趋向与印刷文化的转向》，《复旦学报》（社会科学版）2018 年第 4 期。

陈建明、苏德华：《关于同文书会研究的几个问题辨析》，《出版科学》2018 年第 2 期。

陈美东主编：《简明中国科学技术史话》，中国青年出版社 2009 年版。

陈启伟：《关于西学东渐的一封信》，《哲学译丛》2001 年第 2 期。

陈晓平：《评密尔的因果理论》，《自然辩证法研究》2008 年第 6 期。

程仲棠：《从诠释学看墨辩研究的逻辑学范式》，《学术研究》2005 年第 1 期。

崔清田主编：《名学与辩学》，山西教育出版社 1997 年版。

邓亮、冯立昇：《培根与笛卡尔及其学说在晚清》，《自然辩证法通讯》2011 年第 3 期。

邓亮、韩琦：《新学传播的序曲：艾约瑟、王韬翻译〈格致新学提纲〉的内容、意义及其影响》，《自然科学史研究》2012 年第 2 期。

丁伟志、陈崧：《中西体用之间——晚清中西文化观述论》，中国社会科学出版社 1995 年版。

杜石然、范楚玉、陈美东等编著：《中国科学技术史稿》，科学出版社 1982 年版。

方维规：《历史的概念向量》，生活·读书·新知三联书店 2021 年版。

冯友兰：《中国哲学简史》，涂又光译，北京大学出版社 2010 年版。

佛雏：《王国维哲学译稿研究》，社会科学文献出版社 2006 年版。

高晞：《德贞传：一个英国传教士与晚清医学近代化》，复旦大学出版社 2009 年版。

郭桥：《逻辑与文化：中国近代时期西方逻辑传播研究》，人民出版社 2006 年版。

郭湛波：《近五十年中国思想史》，上海古籍出版社 2010 年版。

韩琦：《科学、知识与权力——日影观测与康熙在历法改革中的作用》，《自然科学史研究》2011 年第 1 期。

韩琦：《礼物、仪器与皇帝：马戛尔尼使团来华的科学使命及其失败》，《科学文化评论》2005 年第 5 期。

韩琦：《李善兰、艾约瑟译胡威立〈重学〉之底本》，《或问》（日）2009 年第 17 期。

韩琦：《通天之学：耶稣会士和天文学在中国的传播》，生活·读书·新知三联书店 2018 年版。

何绍斌：《越界与想象：晚清新教传教士译介史论》，上海三联书店 2008 年版。

胡卫清：《普遍主义的挑战：近代中国基督教教育研究（1877—1927）》，上海人民出版社 2000 年版。

黄河清：《逻辑译名源流考》，《词库建设通讯》（香港）1994 年第 12 期。

黄克武：《近代中国转型时代的民主观念》，载王汎森等《中国近代思想史的转型时代：张灏院士七秩祝寿论文集》，台北：联经出版事业股份有限公司 2007 年版。

黄克武：《西方自由主义在现代中国》，载黄俊杰编《中华文化与域外文化的互动与融合》，台北：喜马拉雅研究发展基金会 2006 年版。

黄克武：《新名词之战：清末严复译语与和制汉语的竞赛》，《"中央研究院"近代史研究所集刊》2008 年第 62 期。

黄克武：《自由的所以然：严复对约翰弥尔自由思想的认识与批判》，上海书店出版社 2000 年版。

黄兴涛:《明末至清前期西学的再认识》,《清史研究》2013 年第 1 期。

黄兴涛:《新发现严复手批"编订名词馆"一部原稿本》,《光明日报》2013 年 2 月 7 日第 11 版。

金观涛、刘青峰:《观念史研究:中国现代重要政治术语的形成》,法律出版社 2009 年版。

晋荣东:《e-考据与中国近代逻辑史疑难考辩》,《社会科学》2013 年第 4 期。

晋荣东:《逻辑的名辩化及其成绩与问题》,《哲学分析》2011 年第 6 期。

柯遵科、李斌:《斯宾塞〈教育论〉在中国的传播与影响》,《中国科技史杂志》2014 年第 2 期。

李国山:《约翰·穆勒的心理主义辨析》,《南开学报》(哲学社会科学版) 2009 年第 5 期。

李匡武主编:《中国逻辑史(近代卷)》,甘肃人民出版社 1989 年版。

李仁渊:《阅读史的课题与观点:实践、过程、效应》,载蒋竹山主编《当代历史学新趋势》,新北:联经出版事业股份有限公司 2019 年版。

李骛哲:《郭实猎姓名考》,《近代史研究》2018 年第 1 期。

刘钝:《维多利亚科学一瞥——基于两种陈说的考察》,《中国科技史杂志》2013 年第 3 期。

刘丰:《叶时〈礼经会元〉与宋代儒学的发展》,《中国哲学史》2012 年第 2 期。

刘禾:《跨语际实践——文学,民族文化与被译介的现代性(中国,1900—1937)》,宋伟杰等译,生活·读书·新知三联书店 2002 年版。

刘华杰:《〈植物学〉中的自然神学》,《自然科学史研究》2008 年第 2 期。

刘培育:《简论中国古代归纳逻辑思想》,《求是学刊》1986 年第 2 期。

刘旭光:《论"即物穷理"之"即"》,《江海学刊》2007 年第 4 期。

罗晓静:《清末民初西方"个人"概念的引入与置换》,《湖北大学学报》

（哲学社会科学版）2008年第5期。

马伟华：《历法、宗教与皇权：明清之际中西历法之争再研究》，中华书局2019年版。

孟悦：《人·历史·家园：文化批评三调》，人民文学出版社2006年版。

聂馥玲：《晚清经典力学的传入——以〈重学〉为中心的比较研究》，山东教育出版社2013年版。

潘光哲：《晚清士人的西学阅读史》，台北："中央研究院"近代史研究所2014年版。

彭雷霆、古秀青：《清末编订名词馆与近代逻辑学术语的厘定》，《郑州大学学报》（哲学社会科学版）2013年第4期。

彭漪涟：《中国近代逻辑思想史论》，上海人民出版社1991年版。

漆永祥：《乾嘉考据学研究（增订本）》，北京大学出版社2020年版。

尚智丛：《1886—1894年间近代科学在晚清知识分子中的影响》，《清史研究》2001年第3期。

尚智丛：《明末清初（1582—1687）的格物穷理之学——中国科学发展的前近代形态》，四川教育出版社2003年版。

沈国威：《奥地利国家图书馆藏近代汉译西书》，《或问》（日）2005年第10期。

沈国威：《近代中日词汇交流研究：汉字新词的创制、容受与共享》，中华书局2010年版。

沈国威：《严复与科学》，凤凰出版社2017年版。

宋文坚：《逻辑学的传入与研究》，福建人民出版社2005年版。

苏精：《清季同文馆及其师生》，福建教育出版社2018年版。

苏精：《西医来华十记》，中华书局2020年版。

苏精：《铸以代刻——传教士与中文印刷变局》，台北：台大出版中心2014年版。

孙彬：《中国传统哲学概念"理"与西周哲学译名之研究》，《日本研究》

2015 年第 2 期。

孙中原：《中国逻辑研究》，商务印书馆 2006 年版。

谭树林：《英华书院研究（1818—1873）》，凤凰出版社 2021 年版。

唐贤清、汪哲：《试论现代汉语外来词吸收方式的变化及原因》，《中南大学学报》（社会科学版）2005 年第 1 期。

汪奠基：《中国逻辑思想史》，上海人民出版社 1979 年版。

汪凤炎：《汉语"心理学"一词是如何确立的》，《心理学探新》2015 年第 3 期。

汪凤炎：《论心、心学与心理学的关系》，载杨鑫辉主编《心理学探新论丛（1999）》，南京师范大学出版社 1999 年版。

汪广仁主编：《中国近代科学先驱徐寿父子研究》，清华大学出版社 1998 年版。

王尔敏：《上海格致书院志略》，香港：中文大学出版社 1980 年版。

王尔敏：《中国近代思想史论》，台北：台湾商务印书馆 1995 年版。

王宏斌：《培根的〈新工具〉与晚清思想界——简论五四之前的科学启蒙》，《中州学刊》1991 年第 2 期。

王立群：《近代上海口岸知识分子的兴起——以墨海书馆的中国文人为例》，《清史研究》2003 年第 3 期。

王申、吕凌峰：《汇而不通：晚清中西医汇通派对西医的取舍》，《科学技术哲学研究》2015 年第 6 期。

王树槐：《基督教教育会及其出版事业》，《"中央研究院"近代史研究所集刊》1971 年第 2 期。

王树槐：《清末翻译名词的统一问题》，《"中央研究院"近代史研究所集刊》1969 年第 1 期。

王扬宗：《〈格致汇编〉与西方近代科技知识在清末的传播》，《中国科技史料》1996 年第 1 期。

王扬宗：《〈格致汇编〉之中国编辑者考》，《文献》1995 年第 1 期。

王扬宗：《赫胥黎〈科学导论〉的两个中译本——兼谈清末科学译著的准确性》，《中国科技史料》2000年第3期。

王扬宗：《清末益智书会统一科技术语工作述评》，《中国科技史料》1991年第2期。

王中江：《中日文化关系的一个侧面——从严译术语到日译术语的转换及其缘由》，《近代史研究》1995年第4期。

王作跃：《近现代中国科技史研究：历史、现状与展望》，《中国科技史杂志》2007年第4期。

温公颐、崔清田主编：《中国逻辑史教程（修订本）》，南开大学出版社2001年版。

吴以义：《海客述奇：中国人眼中的维多利亚科学》，商务印书馆2017年版。

吴义雄：《在宗教与世俗之间：基督教新教传教士在华南沿海的早期活动研究》，广东教育出版社2000年版。

熊月之：《晚清几个政治词汇的翻译与使用》，《史林》1999年第1期。

熊月之：《西学东渐与晚清社会（修订版）》，中国人民大学出版社2011年版。

徐光台：《明末西方〈范畴论〉重要语词的传入与翻译：从利玛窦〈天主实义〉到〈名理探〉》，《清华学报》（新竹）2005年第2期。

徐光台：《儒学与科学：一个科学史观点的探讨》，《清华学报》（新竹）1996年第4期。

徐光台：《西学传入与明末自然知识考据学：以熊明遇论冰雹生成为例》，《清华学报》（新竹）2007年第1期。

阎书昌：《中国近代心理学史上的丁韪良及其〈性学举隅〉》，《心理学报》2011年第1期。

杨慧玲：《19世纪汉英词典传统：马礼逊、卫三畏、翟理斯汉英词典的谱系研究》，商务印书馆2012年版。

杨沛荪主编：《中国逻辑思想史教程》，甘肃人民出版社 1988 年版。

姚福申：《〈察世俗每月统记传〉的再认识——关于南洋最早的中文期刊》，《新闻大学》1995 年第 1 期。

易惠莉：《江南地区早期近代人才优势概论》，《华东师范大学学报》（哲学社会科学版）1994 年第 1 期。

易惠莉：《"中学为体，西学为用"的本意及其演变》，《河北学刊》1993 年第 1 期。

余丽嫦：《培根及其哲学》，人民出版社 1987 年版。

袁伟时：《19 世纪中西哲学和文化交流的几个问题》，《哲学研究》1992 年第 7 期。

张柏春：《汉语术语"机器"与"机械"初探》，第二届中日机械技术史国际学术会议论文，南京，2000 年 11 月。

张海林：《王韬评传》，南京大学出版社 1993 年版。

张江华：《最早在中国介绍培根生平及其学说的文献》，《中国科技史料》1990 年第 4 期。

张师伟：《西学东渐背景下中国传统"自由"思想的现代转换及其影响》，《文史哲》2018 年第 3 期。

张西平：《序言》，载［美］柏理安《东方之旅：1579—1724 耶稣会传教团在中国》，毛瑞方译，江苏人民出版社 2015 年版。

张哲嘉：《逾淮为枳：语言条件制约下的汉译解剖学名词创造》，载［美］沙培德、张哲嘉编《近代中国新知识的建构》，台北："中央研究院" 2013 年版。

张仲民：《从书籍史到阅读史——关于晚清书籍史/阅读史研究的若干思考》，《史林》2007 年第 5 期。

张仲民：《种瓜得豆：清末民初的阅读文化与接受政治（修订版）》，社会科学文献出版社 2021 年版。

赵莉如：《有关〈心灵学〉一书的研究》，《心理学报》1983 年第 4 期。

赵晓兰、吴潮：《传教士中文报刊史》，复旦大学出版社 2011 年版。

赵云波、邓婧：《〈格致书院课艺〉中西方科学史问题探析》，《自然科学史研究》2021 年第 1 期。

赵中亚：《从九种〈皇朝经世文编〉看晚清自然科学认知的变迁》，《安徽史学》2005 年第 6 期。

周济：《试论徐寿的科学思想》，《科学技术与辩证法》1994 年第 4 期。

周文英：《孟子的逻辑思想》，《江西教育学院学报》（社会科学版）1995 年第 4 期。

周文英：《中国逻辑思想史稿》，人民出版社 1979 年版。

周云之：《论先秦墨家对古代归纳方法（逻辑）作出的贡献》，《甘肃社会科学》1989 年第 3 期。

周云之：《名辩学论》，辽宁教育出版社 1995 年版。

周云之主编：《中国逻辑史》，山西教育出版社 2004 年版。

邹振环：《影响中国近代社会的一百种译作》，中国对外翻译出版公司 1994 年版。

左玉河：《名学、辨学与论理学：清末逻辑学译本与中国现代逻辑学科之形成》，《社会科学研究》2016 年第 6 期。

[澳] 哈里森：《科学与宗教的领地》，张卜天译，商务印书馆 2016 年版。

[澳] 哈里森：《圣经、新教与自然科学的兴起》，张卜天译，商务印书馆 2019 年版。

[澳] 梅约翰：《诸子学与论理学：中国哲学建构的基石与尺度》，《学术月刊》2007 年第 4 期。

[比] 钟鸣旦：《"格物穷理"：十七世纪西方耶稣会士与中国学者间的讨论》，《哲学与文化》（新北）1991 年第 7 期。

[丹] 克拉夫：《科学史学导论》，任定成译，北京大学出版社 2005 年版。

[德] 顾有信：《语言接触与近现代中国思想史——"逻辑"中文译名源流再探讨》，载邹嘉彦、游汝杰主编《语言接触论集》，上海教育出版社

2004年版。

［德］韦伯：《新教伦理与资本主义精神》，康乐、简惠美译，广西师范大学出版社2007年版。

［法］贝尔纳：《实验医学研究导论》，夏康农、管光东译，商务印书馆1996年版。

［法］梅谦立：《理论哲学和修辞哲学的两个不同对话模式》，载景海峰主编《拾薪集：中国哲学建构的当代反思与未来前瞻》，北京大学出版社2007年版。

［法］谢和耐：《中国与基督教——中西文化的首次撞击》，耿昇译，商务印书馆2013年版。

［荷］安国风：《欧几里得在中国：汉译〈几何原本〉的源流与影响》，纪志刚、郑诚、郑方磊译，江苏人民出版社2009年版。

［美］艾尔曼：《从理学到朴学：中华帝国晚期思想与社会变化面面观》，赵刚译，江苏人民出版社2011年版。

［美］艾尔曼：《经学·科举·文化史：艾尔曼自选集》，复旦大学文史研究院译，中华书局2010年版。

［美］艾尔曼：《早期现代还是晚期帝国的考据学？——18世纪中国经学的危机》，《复旦学报》（社会科学版）2011年第4期。

［美］鲍德温：《铸造〈自然〉：顶级科学杂志的演进历程》，黎雪清译，重庆大学出版社2018年版。

［美］贝奈特：《传教士新闻工作者在中国：林乐知和他的杂志（1860—1883）》，金莹译，广西师范大学出版社2014年版。

［美］伯恩斯：《知识与权力：科学的世界之旅》，杨志译，中国人民大学出版社2014年版。

［美］费正清、刘广京编：《剑桥中国晚清史》，中国社会科学院历史研究所编译室译，中国社会科学出版社1985年版。

［美］柯文：《在传统与现代性之间——王韬与晚清改革》，雷颐、罗检秋

译，江苏人民出版社 2006 年版。

［美］柯文：《在中国发现历史：中国中心观在美国的兴起》，林同奇译，社会科学文献出版社 2017 年版。

［美］库恩：《必要的张力》，范岱年、纪树立等译，北京大学出版社 2004 年版。

［美］库恩：《结构之后的路》，邱慧译，北京大学出版社 2012 年版。

［美］库恩：《科学革命的结构》，金吾伦、胡新和译，北京大学出版社 2012 年版。

［美］蒯因：《语词和对象》，陈启伟、朱锐、张学广译，中国人民大学出版社 2005 年版。

［美］洛西：《科学哲学历史导论》，邱仁宗、金吾伦、林夏水等译，华中工学院出版社 1982 年版。

［美］默顿：《社会理论和社会结构》，唐少杰、齐心等译，译林出版社 2008 年版。

［美］默顿：《十七世纪英格兰的科学、技术与社会》，范岱年、吴忠、蒋效东译，商务印书馆 2000 年版。

［美］史华兹：《寻求富强：严复与西方》，叶凤美译，江苏人民出版社 2010 年版。

［美］席文：《科学史方法论讲演录》，任安波译，北京大学出版社 2011 年版。

［美］席文：《为什么科学革命没有在中国发生——是否没有发生?》，刘龙光译，张黎补译，载王扬宗、刘钝编《中国科学与科学革命：李约瑟难题及其相关问题研究论著选》，辽宁教育出版社 2002 年版。

［美］夏平、［美］谢弗：《利维坦与空气泵：霍布斯、玻意耳与实验生活》，蔡佩君译，上海人民出版社 2008 年版。

［美］夏平：《默顿论点》，涂又光译，载［英］拜纳姆、［英］布朗、［英］波特合编《科学史词典》，宋子良等译，湖北科学技术出版社 1988

年版。

［美］夏平：《真理的社会史：17世纪英国的文明与科学》，赵万里译，江西教育出版社2002年版。

［日］仓田明子：《十九世纪口岸知识分子与中国近代化——洪仁玕眼中的"洋"场》，杨秀云译，凤凰出版社2020年版。

［日］佐藤慎一：《近代中国的知识分子与文明》，刘岳兵译，江苏人民出版社2011年版。

［新加坡］庄钦永：《麦加缔〈平安通书〉及其中之汉语新词》，载关西大学文化交涉学教育研究中心、出版博物馆编《印刷出版与知识环流：十六世纪以后的东亚》，上海人民出版社2011年版。

［以］埃兹拉希：《伊卡洛斯的陨落：科学与当代民主转型》，尚智丛、王慧斌、杨萌等译，上海交通大学出版社2015年版。

［英］阿巴拉斯特：《西方自由主义的兴衰》，曹海军等译，吉林人民出版社2004年版。

［英］埃文斯：《剑桥大学新史》，丁振琴、米春霞译，商务印书馆2017年版。

［英］巴特菲尔德：《历史的辉格解释》，张岳明、刘北成译，商务印书馆2012年版。

［英］波普尔：《科学知识进化论：波普尔科学哲学选集》，纪树立编译，生活·读书·新知三联书店1987年版。

［英］丹皮尔：《科学史及其与哲学和宗教的关系》，李珩译，张今校，商务印书馆1975年版。

［英］方德万：《潮来潮去：海关与中国现代性的全球起源》，姚永超、蔡维屏译，山西人民出版社2017年版。

［英］霍姆斯：《好奇年代：英国科学浪漫史》，暴永宁译，生活·读书·新知三联书店2020年版。

［英］乐文思：《达尔文》，沈力译，华夏出版社2002年版。

［英］卢克斯:《个人主义》,阎克文译,江苏人民出版社2001年版。

Amelung, I., "Some Notes on Translations of the *Physics Primer* and Physical Terminology in Late Imperial China",《或问》(日) 2004年第8期。

Ashton, R., *Victorian Bloomsbury*, New Haven: Yale University Press, 2012.

Ball, P., *Curiosity: How Science Became Interested in Everything*, Chicago: The University of Chicago Press, 2012.

Bunge M., "Ten Modes of Individualism—None of Which Works—And Their Alternatives", *Philosophy of the Social Sciences*, Vol. 30, No. 3, September 2000.

Cao, C., *China's Scientific Elite*, London: Routledge Curzon, 2004.

Cohen, I. B. ed., *Puritanism and the Rise of Modern Science: the Merton Thesis*, New Brunswick: Rutgers University Press, 1990.

Covell, R., *W. A. P. Martin: Pioneer of Progress in China*, Washington: Christian University Press, 1978.

Cowles, H. M., *The Scientific Method: An Evolution of Thinking from Darwin to Dewey*, Cambridge (Mass.): Harvard University Press, 2020.

Daston, L., "The Empire of Observation, 1600 – 1800", in Daston, L. and Lunbeck, E., eds., *Histories of Scientific Observation*, Chicago: The University of Chicago Press, 2011.

Dodson, M. S., "Re-Presented for the Pandits: James Ballantyne, 'Useful Knowledge,' and Sanskrit Scholarship in Benares College during the Mid-Nineteenth Century", *Modern Asian Studies*, Vol. 36, No. 2, May 2002.

Doleželová-Velingerová, M. and Wagner R. G., "Chinese Encyclopaedias of New Global Knowledge (1870 – 1930): Changing Ways of Thought", in Doleželová-Velingerová, M. and Wagner, R. G., eds., *Chinese Encyclopaedias of New Global Knowledge (1870 – 1930): Changing Ways of Thought*, Berlin: Springer, 2013.

Ducheyne, S., "Kant and Whewell on Bridging Principles between Metaphysics and Science", *Kant-Studien*, Vol. 102, 2011.

Elman, B. A., *A Cultural History of Modern Science in China*, Cambridge (Mass.): Harvard University Press, 2006. 中译本见［美］艾尔曼《中国近代科学的文化史》,王红霞、姚建根、朱莉丽等译,上海古籍出版社 2009 年版。

Elman, B. A., *On Their Own Terms: Science in China, 1550 – 1900*, Cambridge (Mass.): Harvard University Press, 2005. 中译本见［美］艾尔曼《科学在中国: 1550—1900》,原祖杰等译,中国人民大学出版社 2016 年版。

Fairbank, J. K., "Introduction: The Place of Protestant Writings in China's Cultural History", in Barnett, S. W. and Fairbank, J. K., eds., *Christianity in China: Early Protestant Missionary Writings*, Cambridge (Mass.): Harvard University Press, 1985.

Fan, F., *British Naturalists in Qing China: Science, Empire, and Cultural Encounter*, Cambridge (Mass.): Harvard University Press, 2004. 中译本见［美］范发迪《清代在华的英国博物学家:科学、帝国与文化遭遇》,袁剑译,中国人民大学出版社 2011 年版。

Fan, F., "Science in Cultural Borderlands: Methodological Reflections on the Study of Science, European Imperialism, and Cultural Encounter", *East Asian Science, Technology and Society: An International Journal*, Vol. 1, No. 2, December 2007.

Gabbay, D. M. and Woods, J., eds., *Handbook of the History of Logic, Vol. 4 (British Logic in the Nineteenth Century)*, Oxford: Elsevier, 2008.

Gabbay, D. M., Hartmann, S. and Woods, J., eds., *Handbook of the History of Logic, Vol. 10 (Inductive logic)*, Oxford: Elsevier, 2011.

Godden, D. M., "Psychologism in the Logic of John Stuart Mill: Mill on the

Subject Matter and Foundations of Ratiocinative Logic", *History and Philosophy of Logic*, Vol. 26, No. 2, May 2005.

Hacking, I., *An Introduction to Probability and Inductive Logic*, Cambridge: Cambridge University Press, 2001.

Harrison, B., *Waiting for China: The Anglo-Chinese College at Malacca, 1818 – 1843, and Early Nineteenth-Century Missions*, Hong Kong: Hong Kong University Press, 1979.

Hays, J. N., "Science and Brougham's Society", *Annals of Science*, Vol. 20, No. 3, September 1964.

Kaske, E., *The Politics of Language in Chinese Education, 1895 – 1919*, Leiden: Brill, 2008.

Koselleck, R., "Introduction and Prefaces to *the Geschichtliche Grundbegriffe*", Richter, M. trans., *Contributions to the History of Concepts*, Vol. 6, No. 1, Summer 2011.

Kurtz, J., *The Discovery of Chinese Logic*, Leiden: Brill, 2011. 中译本见［德］顾有信《中国逻辑的发现》，陈志伟译，江苏人民出版社2020年版。

Kurtz, J., "The First Chinese Adaptation of Mill's Logic: John Fryer and his *Lixue xuzhi*" (1898)，《或问》（日）2004年第8期。

Lackner, M., Amelung, I. and Kurtz, J., eds., *New Terms for New Ideas: Western Knowledge and Lexical Change in Late Imperial China*, Leiden: Brill, 2001. 中译本见［德］郎宓榭、［德］阿梅龙、［德］顾有信《新词语新概念：西学译介与晚清汉语词汇之变迁》，赵兴胜等译，山东画报出版社2012年版。

Lackner, M. and Vittinghoff, N., eds., *Mapping Meanings: The Field of New Learning in Late Qing China*, Leiden: Brill, 2004. 中译本见［德］朗宓榭、［德］费南山主编《呈现意义：晚清中国新学领域》，李永胜、李增田译，天津人民出版社2014年版。

Lightman, B., *The Origins of Agnosticism: Victorian Unbelief and the Limits of Knowledge*, Baltimore: The Johns Hopkins University Press, 1987.

Lightman, B., *Victorian Popularizers of Science: Designing Nature for New Audiences*, Chicago: The University of Chicago Press, 2009. 中译本见［加］莱特曼《维多利亚时代的科学传播：为新观众"设计"自然》，姜虹译，中国工人出版社 2022 年版。

Li, S., "Letters to the Editor in John Fryer's *Chinese Scientific Magazine*, 1876-1892: An Analysis",《"中央研究院"近代史研究所集刊》1974 年第 4 期下册。

Mander, W. J. ed., *The Oxford Handbook of British Philosophy in the Nineteenth Century*, Oxford: Oxford University Press, 2014.

McGrath, A. E., *Science and Religion: A New Introduction*, Second edition, New Jersey: Wiley-Blackwell, 2010. 中译本见［英］麦克格拉思《科学与宗教引论》，王毅、魏颖译，上海人民出版社 2015 年版。

Müller, J., "On Conceptual History", in McMahon, D. M. and Moyn, S., eds., *Rethinking Modern European Intellectual History*, New York: Oxford University Press, 2014.

Moyn, S. and Sartori, A., "Approaches to Global Intellectual History", in Moyn, S. and Sartori, A., eds., *Global Intellectual History*, New York: Columbia University Press, 2013. 中译本见［美］莫恩、［美］萨托利《全球知识史：知识的产生和传播》，焦玉奎译，大象出版社 2021 年版。

Prakash, G., *Another Reason: Science and the Imagination of Modern India*, Princeton: Princeton University Press, 1999.

Reardon-Anderson, J., *The Study of Change: Chemistry in China, 1840-1949*, Cambridge: Cambridge University Press, 1991.

Reynolds, D. C., "Redrawing China's Intellectual Map: Images of Science in Nineteenth-Century China", *Late Imperial China*, Vol. 12, No. 1, June

1991.

Ring, K., *The Popularisation of Elementary Science through Popular Science Books c. 1870 – c. 1939*, Ph. D. dissertation, University of Kent, 1988.

Sarukkai, S., "Translation as Method: Implications for History of Science", in Lightman, B., McOuat G. and Stewart, L., eds., *The Circulation of Knowledge between Britain, India and China: The Early-Modern World to the Twentieth Century*, Leiden: Brill, 2013.

Schulz-Forberg, H., "Introduction: Global Conceptual History: Promises and Pitfalls of a New Research Agenda", in Schulz-Forberg, H. ed., *A Global Conceptual History of Asia, 1860 – 1940*, London: Routledge, 2015.

Sela, O., "From Theology's Handmaid to the Science of Sciences: Western Philosophy's Transformations on its Way to China", *Transcultural Studies*, Vol. 4, No. 2, December 2013.

Shapin, S., "Understanding the Merton Thesis", *Isis*, Vol. 79, No. 4, December 1988.

Skyrms, B., "Induction", in Audi, R. ed., *The Cambridge Dictionary of Philosophy*, Third edition, New York: Cambridge University Press, 2015.

Snyder, L. J., "Renovating the *Novum Organum*: Bacon, Whewell and Induction", *Studies in History and Philosophy of Science*, Vol. 30, No. 4, December 1999.

Staley, K. W., "Logic, Liberty, and Anarchy: Mill and Feyerabend on Scientific Method", *The Social Science Journal*, Vol. 36, No. 4, 1999.

Verburgt, L. M., "The Works of Francis Bacon: A Victorian Classic in the History of Science", *Isis*, Vol. 112, No. 4, December 2021.

Wang, Z., "Saving China through Science: The Science Society of China, Scientific Nationalism, and Civil Society in Republican China", *Osiris*, Vol. 17, 2002.

Wardy, R., *Aristotle in China: Language, Categories and Translation*, Cambridge: Cambridge University Press, 2000. 中译本见［英］沃迪《亚里士多德在中国》, 韩小强译, 江苏人民出版社2019年版。

Wright, D., *Translating Science: The Transmission of Western Chemistry into Late Imperial China, 1840–1900*, Leiden: Brill, 2000.

Yeo, R., "An Idol of the Market-Place: Baconianism in Nineteenth Century Britain", *History of Science*, Vol. 23, No. 3, September 1985.

Yeo, R., *Defining Science: William Whewell, Natural Knowledge, and Public Debate in Early Victorian Britain*, Cambridge: Cambridge University Press, 1993.

Yeo, R. R., "Scientific Method and the Rhetoric of Science in Britain, 1830–1917", in Schuster, J. A. and Yeo, R. R., eds., *The Politics and Rhetoric of Scientific Method: Historical Studies*, Holland: D. Reidel Publishing Company, 1986.

索　引

艾约瑟　5,7,48,50,51,53,54,56,
　　59,65,70,76—91,94,97,100,
　　108—110,113,116—118,124,
　　125,129,132,136—139,141

辨学　4,22—25,42,81—85,109,
　　110,124—131,133,141

《辨学启蒙》　5,8,16,70,76,77,
　　81—88,91,97,102,108,110,
　　113,125,128,137,141

辩学　22,23,25,83,84,109,124,
　　126—128,130,131,133

蔡元培　4,81,93,129

充类　91,95—97,100,105,113,114,
　　132,133

狄考文　93,106,112

丁韪良　48,49,73,75,79,93,98,
　　101,137,138

傅兰雅　2,6,27,65,69,76,79,80,
　　83,94,104—113,120,132

格物穷理　12,18—21,24—27,43,
　　49,51,54,65,97,114,119,133,
　　137,139,142

格致书院　8,9,13,19,60—62,72,
　　79,80,98,105,107,108,112,
　　116—118,124

《格致汇编》　2,6,14,27,55,56,59,
　　62,63,65—68,71,76,80,105,
　　107—109,112,120

《格致新法》　6,16,55,56,63—67,
　　71,75,117

《格致新机》　6,16,55,56,60,61,
　　69,71—73,75,139—141

《格致新理》　6,16,55—66,68,71,
　　75,139,140

光绪帝　69,78

归纳方法(归纳法)　2,3,7,8,16,

索　引

18,22,26,30—34,39,43,44,46,
53—55,62,66,67,75,89,98,
100,111,113—115,122,126,
131,133

归纳科学　12,15,17,37,38,45,46,
48,65,74,89,114,115,119,120,
131,133

归纳逻辑　1—5,7,12—18,21,22,
30,33—35,39,42—46,54,55,
73—76,85,86,89,91,92,101,
104—106,112—115,117,120,
122,123,130—134,139

归纳推理　3,7,17,22,30—32,38,
42,44,65,74,85,101,105,110,
113,123,133

海文　92—96,98—103,141,142

赫德　76—79,89

赫歇尔(侯失勒)　35—38,44,53,54

赫胥黎　41—43,76,77,82,87,
88,110,117,136

胡适　26,27,89,128,129,131

惠威尔(胡威立)　37—39,44,51,
53,54

伽利略(伽离略、格力里渥)　54,
86,119

假设　15,42,86,89,91,102,103,
112,114

教科书　4,16,40—42,53,75,76,
79,81,82,106,107,113,125,128

即物察理　75,82,83,85—87,89,
91,100,110,113,114,132

江南制造局　2,46,76,105

经验　7,9,10,21,27—29,31—34,
36—40,43,48,49,53,54,66,
86—91,96,102,116,118—
120,138

科举　27,60,69,76,80,115,117,
118,131,133

"科学启蒙"　41—43,76,77,79,
113,125,136

类推之法　105,110,114,132

李鸿章　51,78,124

李善兰　50,51,53—55,117

李提摩太　30,69,81,121

《理学须知》　6,16,105—113

梁启超　26,62,63,81,93,122,124,
128,129,131

林乐知　56,59,70,71,76,79,81,
136,137

伦敦传道会(伦敦会)　1,45,48,
51,77

《逻辑学体系》　2,5,6,30,33,38,
103,105,106,112,123

马礼逊　1,46,48,52,84,137

密尔(穆勒、米勒)　2—4,6,30,33,
34,38,39,43,44,72,81,103—

106,109—112,123,127

《名理探》 1,4,12,20,21,24,25,97

《名学浅说》 4,72,76,82,89,104,123,137

墨海书馆 13,48,49,51,53—55,59,116—118

墨辩 128—130

慕维廉 6,7,48,49,54—60,62—69,71—74,86,100,113,116,117,132,137—140

牛顿（钮敦、纽登、纽敦） 28,37,41,67,119,143

培根（倍根、白公、备根、贝根、碑根、柏庚、培庚、比耕、贝庚） 2,6,7,30—33,36—38,40,41,43,51,52,54,55,57,58,60,61,63—67,70—73,75,86,88,98,100,116—119,124,140,142,143

《穷理学》 21,25,78,97

认识论 3,8,54,74,85—89,91,95,115,116,120,123,124,133,134

沈毓桂（沈寿康） 6,55,59,60,63,72—74,86,117,133,140,141

实验（试验） 8,27,31,32,34,41,42,61,66,86—88,98,102,103,108,109,111—114,120,121

孙宝瑄 13,84,93,123—125

谭嗣同 62,99,125,131

同文馆 46,75,78,79,105

《万国公报》 6,55,56,59,60,63,64,67,69—71,79,81

王国维 4,42,72,127,129

王韬 6,7,13,54,61—63,65,69,73,81,93,105,110,115—119,122,133,142

韦廉臣 48,50,51,64,68,69,81,106,138

伟烈亚力 47,48,50,51,53,59,116,138

"西学启蒙十六种" 16,75—81,85,87,89,91,109,113,115,125

希卜梯西 89,91,102—105,113,114,132,133

屑录集成 100—102,105,114,133

《心灵学》 6,16,91—96,98—105,128,141,142

《新工具》 2,5—7,16,27,30—33,37,41,55—58,60,63—65,67,70,71,73—75,88,100,113,120

新教 1,15,28—30,45—49,52,54,65,73,75,80,94,106,119,137

徐寿 8,27,59,65,117,119

亚里士多德（亚里斯多得里、阿卢力士托德尔、阿利多低利） 20,21,23,24,30—32,36,37,62,71,81,83,97,100,124,129,141

索　引　173

严复(严几道)　4,6,9,10,15,63,
　　72,76,81,82,89,104,106,110,
　　123—125,127,128,130,137

演绎　5,12,15,17,18,20—22,25,
　　26,32,33,37,39,42,43,54,85—
　　88,91,100,102,110,111,126

耶方斯(哲分斯、耶芳)　4,42,72,
　　76,85,89,91,123,127,137,70,
　　83,85—88,91,97,141

耶稣会　1,2,13,15,19,21,23,25,
　　43,45,49,120,133

益智书会　75,78,80,81,91—96,
　　98—103,105,106,108,109,141

《益智新录》　5,6,55—59,71,
　　139,140

引进辨实　91,98,100—105,110,
　　113,132

《增版东西学书录》　61—63,81,
　　93,110

章士钊　127,129—131

中国逻辑　5,7,8,11,21,22,25,43,
　　96,124,131,133

钟天纬(王佐才)　13,62,72,79,80,
　　116—118

朱熹　18,19,59,86,89,96,97,101

自然神学　28,35,40,41,47—50,
　　52,64,65,88—91

后　　记

　　研究生一年级时曾翻过一本学位论文，致谢中提到"甘苦自知"。那时的我，对学术生涯充满热情、信心、向往，笃定自己断不会被学位论文"苦"到。不曾想，当终于要让这项从硕博已历时近11年的研究告一段落时，"甘苦自知"这个词却最先浮现在脑海。以下的内容，主要就是感谢让我"甘"又不那么"苦"地完成这本书的人们。

　　首先要感谢我的导师尚智丛教授精心并鼓励探索的指导。这项研究的选题得益于尚老师在西学东渐史领域的长期耕耘，并充分照顾到了我的专业背景和研究兴趣。也是在尚老师的熏陶下，师门以科学的社会研究为主题的组会和自发讨论为这项研究提供了诸多火花。其次要感谢我的联合培养导师顾有信（Joachim Kurtz）教授。我由"中国科学院大学国际合作培养计划"支持赴海德堡大学学习期间，Kurtz教授严谨治学的态度、在概念史和智识史研究等方面的教导，以及他主持的colloquium上老师同学们的宝贵建议，使我受益良多。博士论文答辩后五年多来，有赖于"中国博士后科学基金"和"中国社会科学博士论文文库"的认可，这项研究得以进一步推进，并融入了我受惠于博士后合作导师张藜教授的研究心得，特别是她由科技人物洞察历史的学术风格。

　　要感谢在学位论文各个考核环节，张增一教授、胡志强教授、孙雍君副教授等专家具有针对性和启发性的点评。本研究的部分阶段性成果

后　记

曾发表于《清史研究》《自然辩证法研究》《自然辩证法通讯》《中国社会科学报》等刊物，以及"明清西方逻辑学等理论科学的东渐"国际学术会议、第 24 届世界哲学大会，感谢上述学术平台的认可及由此获得的中肯指正。还要感谢姚纪纲教授、肖显静教授、王作跃教授、王楠副教授、曹志红副教授等良师给我坚守学术的信心，杨辉师兄、范思璐师姐、杨萌师兄、白惠仁同学和本书编辑王丽媛博士在研究思路、效率进度上的助力，以及杨志宏研究员、李文研究员对我继续修改完善博士论文的鼓励。

历史研究的难点之一在于史料的获得，感谢中国国家图书馆、北京大学图书馆、中国科学院文献情报中心、奥地利国家图书馆、海德堡大学东亚图书馆为查阅资料提供的便利，以及牛津大学博德利图书馆、澳大利亚国家图书馆提供的线上帮助。

和曾经对"甘苦自知"的不屑类似，我也一度信誓旦旦地认为，学术致谢应该只用于感谢学理上的帮助。但回想起来，这项研究几乎各个阶段的进展都离不开情感上的帮扶。在这本小书即将面世之时，更加感恩亲朋师友多年来的关心，特别是家人毫无保留的支持，愿我们能够平安、淡定、不慌张。

二〇二三年春